AF596038

RAPPORT

SUR

L'EMPLOI DU PLÂTRE

EN AGRICULTURE.

RAPPORT

SUR

L'EMPLOI DU PLÂTRE

EN AGRICULTURE,

FAIT AU CONSEIL ROYAL D'AGRICULTURE,

Séance du 20 Avril 1822,

PAR M. BOSC, L'UN DE SES MEMBRES.

A PARIS,
DE L'IMPRIMERIE ROYALE.

AVRIL 1823.

RAPPORT

SUR

L'EMPLOI DU PLÂTRE

EN AGRICULTURE.

QUOIQUE la propriété qu'a le plâtre d'activer la végétation de la plupart des plantes, lorsqu'on le répand en poudre sur leurs feuilles naissantes, soit connue depuis environ un siècle, son emploi en France n'est pas encore aussi général qu'en Allemagne, qu'en Angleterre, qu'en Amérique (1), et l'on n'a pas encore fixé la préférence à donner au plâtre calciné sur celui qui ne l'est pas, au plâtre des montagnes primitives (2)

(1) Avant la révolution, les Américains faisaient venir du plâtre des environs de Paris, pour le répandre sur leurs prairies artificielles. Aujourd'hui ils emploient celui qui provient des carrières qu'ils ont découvertes dans leurs montagnes, et qui, d'après les échantillons que j'ai eus sous les yeux, appartient à la division des plâtres primitifs.

(2) Ce plâtre est, le plus souvent, presque pur, ou, au plus, souillé par du fer qui le rend ou noir, ou rouge, ou jaune. Les carrières dont on le tire sont très-multipliées dans les Ardennes, dans les Vosges, dans le Jura, dans les Alpes, dans les Cévennes, dans les Pyrénées, &c. Il s'y montre en couches toujours fortement inclinées ou presque perpendiculaires quelquefois séparées par des lits d'argile plus ou moins épais.

sur celui des pays à couches (1). La théorie de son action, ainsi que les suites de ses effets, ne sont pas non plus assez bien établies pour guider avec certitude les agriculteurs dans son emploi.

Le Conseil royal d'agriculture, convaincu, par sa correspondance, des grands avantages qui résulteraient pour la prospérité territoriale de la France, d'un usage plus général du plâtre et d'une connaissance plus approfondie de sa manière d'agir, a engagé Son Excellence à proposer à MM. les correspondans une série de questions propres à remplir ces deux importans objets.

La plupart de MM. les correspondans ont répondu, et le Conseil m'a chargé de mettre sous ses yeux l'analyse de leurs réponses. Je la lui apporte.

Il y a de grandes divergences d'opinions dans ces réponses; mais elles nous apprennent,

1.° Que l'emploi du plâtre est déjà très-étendu et se propage de plus en plus;

2.° Que le plâtre calciné et le plâtre cru agissent également, le premier plus promptement, et le second pendant un temps plus long;

3.° Que c'est comme attirant l'humidité de l'air et comme stimulant l'action vitale, que le plâtre produit son effet;

4.° Que c'est sur les feuilles naissantes, en poudre,

---

(1) Il n'y a que cinq grands dépôts de ce plâtre en Europe, et l'on n'en connaît pas dans le reste du monde: celui des environs de Paris, celui des environs d'Aix, celui des environs de Toulon, celui des environs de Burgos et celui des environs d'Oxford.

Ce plâtre contient toujours une grande proportion de chaux carbonatée, d'argile et de silice : aussi agit-il comme la marne, lorsqu'on le répand, en certaine quantité, sur les terres, soit argileuses, soit sablonneuses.

Il est reconnu, par les minéralogistes, que les dépôts de plâtre des deux sortes ont tous été formés dans l'eau douce.

et peu après la pluie ou pendant la rosée, qu'il faut le répandre ;

5.° Que ses résultats se font sentir sur les coupes subséquentes des prairies artificielles, même après l'intervalle d'un hiver ;

6.° Que généralement il double la récolte des trèfles et des luzernes, et quelquefois celle du sainfoin ;

7.° Que les prairies artificielles en terre fertile, sèche et légère, sont celles sur lesquelles son action est le plus marquée, sur-tout quand l'année est également sèche ;

8.° Que son usage trop répété hâte l'épuisement du sol, si on ne l'accompagne pas d'abondans engrais ;

9.° Que son action a lieu sur toutes les plantes à feuilles larges et épaisses, sur les prairies naturelles qui contiennent beaucoup de trèfles, de vesces et autres plantes analogues ; mais qu'elle est nulle sur les céréales et autres graminées à feuilles sèches et droites ;

10.° Qu'il améliore les produits des récoltes subséquentes des céréales, lorsqu'il n'est pas trop prodigué ;

11.° Que ce ne sont pas les fourrages plâtrés qui occasionnent la pousse, ici confondue avec la toux, aux chevaux ; mais bien les fourrages moisis.

Il n'a pas été répondu sur les causes qui empêchent l'effet du plâtre sur les prairies artificielles semées sur certaines terres ; mais nous pouvons croire que deux de ces causes sont, 1.° la saturation en plâtre de ces terres, comme les déblais des carrières de Montmartre, Ménilmontant, Pantin, &c. ; 2.° le manque total d'humus dans ces terres, comme certains schistes des environs d'Embrun, envoyés par M. de Serres ; comme certaines pozzolanes des environs de Clermont, envoyées par M. de Montlosier ; comme certaines argiles ferrugineuses que j'ai vues dans le département de la Haute-Marne.

La propriété antiseptique du plâtre, propriété qui est dans le cas d'être prise en considération, attendu qu'elle peut jouer un rôle dans la théorie de son action, n'a pas dû être l'objet des remarques de MM. les correspondans, puisqu'elle n'entrait pas dans la série des questions qu'ils ont reçues; mais un grand nombre de faits qui n'entraient pas non plus dans cette série, ont été l'objet de leurs réflexions.

En général, l'ensemble des réponses est plein d'intérêt et sera lu avec fruit par les cultivateurs.

J'ai l'honneur, en conséquence, de proposer au Conseil d'inviter Son Excellence à ordonner l'impression, aux frais du Gouvernement, de l'analyse en question, en y joignant un extrait des expériences de M. Soquet sur le même objet; expériences qui, à mon avis, jettent du jour sur la théorie de l'action du plâtre.

Bosc.

EXTRAIT

Des Lettres de MM. les Correspondans du Conseil d'agriculture, sur l'emploi du Plâtre dans la culture des Prairies artificielles.

---

1. M. Masclet, correspondant du Conseil, en Angleterre, annonce que M. Cock, d'Holcam, emploie le plâtre cru, et que le plâtre, aux États-Unis, a fixé la population, en conservant la fertilité aux terres usées. Les rosées sont plus abondantes et se conservent plus long-temps sur les champs plâtrés, ce qui explique pourquoi le plâtre produit plus d'effet sur les terrains secs et sablonneux que sur les autres. Le sainfoin est la plante sur laquelle il a le mieux réussi : cette observation est nouvelle pour moi, qui ai toujours cru qu'il faisait plus d'effet sur le trèfle et sur la luzerne.

On écrase grossièrement le plâtre cru, à Holcam, au moyen de deux cylindres tournans : c'est sur la terre qu'on le répand au commencement du printemps.

Il ne paraît pas qu'on reconnaisse en Angleterre que le plâtre doit être répandu sur les feuilles et non sur la terre.

Une discussion entre M. Masclet et M. le duc Decaze, qui soutenait que c'est sur les feuilles qu'il faut répandre le plâtre en poudre, et que le plâtre cuit est plus avantageux à employer que le plâtre cru, a été l'objet d'un rapport spécial que j'ai fait au Conseil.

Un article traduit d'un journal américain, sur les avantages du plâtre cuit ou du plâtre cru, ne résout pas la question. L'auteur de cet article croit que le plâtre agit sur les plantes des bords de la mer, comme sur celles qui en sont éloignées.

Je dois supposer, d'après les nombreuses pièces envoyées par M. Masclet, qu'on ne distingue pas, en Angleterre et en Amérique, le plâtre secondaire d'avec le plâtre primitif; cependant le premier, contenant un sixième d'argile, un sixième de sable, et un tiers de calcaire, doit agir différemment de celui qui est pur.

2. M. le chevalier de Bons de Farges, correspondant pour le département de l'Ain, annonce que l'usage du plâtre sur les trèfles, luzernes et sainfoins, est général dans son département. Son effet a paru nul sur les graminées.

Les terres caillouteuses et les terres calcaires sont celles où il agit avec le plus d'efficacité.

On en répand cinq quintaux (il ne dit pas si ce sont des quintaux métriques) par hectare. Plus ne servirait à rien.

C'est lorsque la prairie artificielle a cinq à six pouces de haut qu'on le sème; son action, lorsqu'on le répand sur la terre, étant nulle.

Il augmente d'un tiers, terme moyen, le produit des récoltes, sans affaiblir et sans augmenter la fertilité du sol, soutirant de l'atmosphère les principes qu'il fournit aux plantes.

J'observe que, d'après les observations faites par Arthur Young, dans le comté de Norfolk, il est prouvé que les terres dont les récoltes ont été trop souvent plâtrées, ne peuvent plus en fournir de belles.

3. M. Sarrazin, correspondant dans le département de l'Aisne, paraît hésiter sur les avantages du plâtre. Il

regarde les cendres de tourbes pyriteuses comme produisant autant d'effet. Mais cette irrégularité s'explique par l'annonce que les environs de sa demeure, Château-Thierry, possèdent un grand nombre de carrières de plâtre. Or, les expériences faites près Paris, à Pantin, sous les yeux de la Société royale et centrale d'agriculture, constatent, comme je l'ai déjà fait remarquer au Conseil, que le plâtre répandu sur des luzernes semées sur les déblais des carrières de cette pierre, n'est d'aucune utilité.

4. MM. Servajans du Bretail et Descombes des Morelles, correspondans dans le département de l'Allier, répondent à l'appel du Conseil.

Le premier, qui demeure dans l'arrondissement de la Palisse, a peu fait usage du plâtre, mais les effets qu'il en a obtenus ont été très-satisfaisans. Il n'a vu employer que le plâtre cuit. C'est du plâtre de Desise, près Autun, plâtre primitif dont j'ai visité la carrière, qu'il a employé.

Le second, qui demeure dans l'arrondissement de Gannat, reconnaît que le plâtre agit en s'emparant des principes de l'air. Il ne produit aucun effet sensible sur les graminées, et beaucoup moins sur les terres sablonneuses que sur les argileuses. On ne se plaint pas que les fourrages des prairies artificielles plâtrées soient plus malsains que ceux des autres.

Le plâtre ne produit presque pas d'effet dans le voisinage de ses carrières, ainsi que lorsqu'on en exagère l'emploi; fait déjà reconnu. Il augmente au contraire les récoltes, lorsqu'il est mêlé avec des engrais animaux ou végétaux.

Le plâtre cuit a plus d'action que le plâtre cru.

Ces résultats sont extraits de trois lettres écrites en 1820; mais M. Descombes des Morelles, en étant peu satisfait, a fait des expériences plus rigoureuses, dont il rend compte dans deux lettres écrites en juin et en août 1821.

Il a choisi plusieurs touffes d'une seule espèce de fourrage, éloignées les unes des autres, mais cependant croissant sur le même terrain. A l'une, il a saupoudré les feuilles, à la manière accoutumée; à une autre, il a répandu le plâtre sur la terre à huit pouces du collet des racines; à une autre encore il a découvert les racines, les a saupoudrées de plâtre et les a recouvertes de terre; une quatrième a été recouverte d'une cloche de verre mouillée, saupoudrée intérieurement de plâtre. La première expérience a eu un résultat des plus satisfaisans; la seconde et la troisième ont légèrement amélioré la croissance des touffes; la dernière a nui à la végétation.

Il a employé, dans une autre expérience, du plâtre cru réduit en poudre, sur dix espèces de plantes de la grande et petite culture. Le trèfle et la féve de marais sont celles sur lesquelles son action a été le plus marquée.

Les laitues plâtrées ont poussé avec une grande vigueur; mais cette vigueur ne s'est pas soutenue après leur transplantation. Cette jolie expérience, tout-à-fait nouvelle, à ce que je crois, s'explique fort bien par la théorie que je crois la meilleure: je dis donc que, si le plâtre répandu sur les feuilles ne fait qu'activer la végétation et pousser des racines en plus grand nombre ou plus longues, l'effet attendu est manqué lorsqu'on arrache la plante et fait périr une grande partie de ces racines, ce qui a toujours lieu dans la transplantation.

Le plâtre cru produit donc les mêmes résultats que le plâtre cuit.

Dans les terres argilo-calcaires, les céréales prospèrent peu après le trèfle, qu'il ait été ou non plâtré; mais elles réussissent très-bien après le sainfoin.

Dans les terres argilo-siliceuses, au contraire, les céréales réussissent fort bien après le trèfle non plâtré ou plâtré.

Il est difficile d'expliquer ce fait.

5. Les frères Bermond de Vaulx, correspondans du Conseil pour le département des Basses-Alpes, annoncent que le plâtre est fort abondant autour d'eux, mais que les essais qu'ils ont faits pour l'utiliser sur leurs prairies artificielles n'ont eu aucun résultat satisfaisant.

Leur terrain ne serait-il pas naturellement plâtré!

Ils annoncent qu'un de leurs voisins a été d'abord plus heureux; mais que, depuis plusieurs années, ses trèfles, malgré le plâtrage, sont au-dessous du médiocre; ce qui peut être attribué, selon eux, à ce qu'on a plâtré trop fort, ou qu'on a fait revenir le trèfle trop souvent sur la même terre. Cette opinion paraît très-probable.

Ces correspondans annoncent devoir se livrer à de nouvelles expériences; mais ils n'en ont pas envoyé les résultats.

6. M. Farnaud, correspondant du Conseil dans le département des Hautes-Alpes, est un des premiers qui, sur l'indication du célèbre botaniste Villars, ait employé dans son canton le plâtre comme amendement.

L'emploi du plâtre cru n'est pas connu dans son canton. On répand le plâtre cuit, réduit en poudre, aussitôt que les feuilles des trèfles, des luzernes, des sainfoins, commencent à se développer; plutôt ou plus tard, il produit peu d'effet. C'est le plâtre primitif des Alpes qu'il emploie. Il agit plus énergiquement dans les terres calcaires sèches, demi-fortes, dans les schistes friables, dans les terres légères caillouteuses. Il ne fait rien dans celles qui sont constamment humides ou très-argileuses.

L'action du plâtre est proportionnée à l'abondance ou à la largeur des feuilles.

On choisit, vers la mi-mars, un temps pluvieux ou au moins humide, pour répandre le plâtre à la volée. L'opération est jugée bonne, lorsque les feuilles et la terre sont blanchies par lui.

Il a été remarqué que, lorsqu'on plâtrait une prairie artificielle en automne, dans l'année de son semis, la vigueur que cette opération lui donnait affaiblissait la repousse de l'année suivante; qu'ainsi c'est à cette dernière époque qu'il faut l'effectuer. Ses effets, alors, durent deux et même trois ans; après quoi, on recommence.

Le sainfoin profite mieux du plâtrage dans la terre légère et aride; ce qu'on peut expliquer, à mon avis, par l'observation que c'est la sorte de terre dans laquelle il croît naturellement.

M. Farnaud croit que le plâtre attire l'humidité de l'air, et que c'est par l'intermédiaire de cette humidité qu'il agit. Cette opinion lui est commune avec beaucoup de personnes, et peut être fondée.

Il discute, sans la résoudre, une autre opinion en rapport intime avec la précédente : c'est celle qui veut que le plâtre opère en stimulant les organes des feuilles. Je reviendrai sur cette question.

On a prétendu que le trèfle, la luzerne, le sainfoin, plâtrés, étaient nuisibles à la santé des bestiaux; mais aucune expérience directe ne l'a prouvé. Comment croire que des atomes de poussière répandus au printemps, lavés par les pluies, soufflés par les vents, restent sur les feuilles jusqu'à la récolte, ou ne tombent pas dans les opérations qui l'accompagnent! Comment croire sur-tout que les secondes coupes, que les coupes des années suivantes, en soient encore imprégnées!

M. Farnaud recherche la cause qui a fait attribuer cet

inconvénient aux fourrages plâtrés. Il croit qu'elle réside dans la plus grande vigueur des plantes, vigueur qui fait que leurs tiges sont dures, et dans l'habitude où l'on est de les couper trop tard. Je ne le suivrai pas dans ses raisonnemens à cet égard, parce que cela me ferait sortir de l'objet de ce rapport.

Ce correspondant annonce qu'on a reconnu que les prairies artificielles plâtrées effritaient plus le terrain que celles qui ne l'étaient pas; mais, observe-t-il, c'est une loi générale de la nature, et il faut s'y soumettre en ne faisant revenir ces prairies artificielles dans le même lieu que plusieurs années après leur destruction, sur-tout si elles sont en luzerne ou en sainfoin. M. Yvart a mis ce principe dans tout son jour, aux mots *Assolement* et *Succession de cultures* du nouveau Dictionnaire d'agriculture, imprimé chez Déterville.

La dernière observation présentée par M. Farnaud, est que les fleurs du sainfoin plâtré sécrètent plus de miel, et de meilleur miel que le sainfoin qui ne l'est pas: aussi ses ruches ont-elles généralement mieux prospéré depuis qu'il plâtre qu'auparavant; ce qui est de quelque importance dans le pays qu'il habite. Effet qui doit avoir lieu, à mon avis, puisque ce sainfoin développe plus de fleurs, et des fleurs plus grandes.

7. M. de Bernardy, correspondant pour l'Ardèche, annonce que le plâtre a produit peu d'effet sur ses trèfles, ses luzernes et ses sainfoins, et qu'aucun de ses voisins n'en fait usage. Ses terres sont légères et reposent sur le grès ou le granit; fort peu sur le calcaire.

Il eût été à desirer, pour mieux juger de l'action du plâtre, que MM. les correspondans eussent tous indiqué la nature de la roche sur laquelle reposent leurs terres, comme l'a fait M. de Bernardy.

8. M. de Morteaux, l'un des correspondans pour

l'Ariége, nous apprend que le plâtre primitif est très-commun aux environs de Foix.

Le plâtre cru et le plâtre cuit sont employés dans son arrondissement; mais le second est préféré.

C'est sur les terres légères et sèches que l'action du plâtre est la plus puissante et la plus durable. Il n'a jamais rien produit sur les bas-fonds. Quand on le mêle avec du fumier, il donne lieu à des récoltes plus abondantes.

Les trèfles des propriétés de ce correspondant sont toujours beaux, et n'ont pas besoin d'être plâtrés.

Il emploie le plâtre sur la terre nue, et avant les labours, ainsi que sur les prairies naturelles, après l'avoir réduit en poudre sous une meule à huile.

M. d'Ounous, autre correspondant pour ce département, qui demeure aux environs de Pamiers, annonce que l'emploi du plâtre est en très-grande faveur dans tout le département et dans une partie des départemens voisins.

Le plâtre rouge, à la même quantité que le blanc, ne produit pas autant d'effet et se pulvérise plus difficilement.

J'observe que cette couleur rouge est due au fer, et qu'elle rend ce plâtre meilleur pour la bâtisse, au rapport du correspondant dernier cité, et ainsi que je l'ai remarqué personnellement dans les Alpes.

Le plâtre convient aux prairies artificielles, en terrain léger, comme en terrain argileux, pourvu que ces terrains soient secs. Il produit aussi de bons effets sur les prairies naturelles qu'on ne peut arroser. Article très-important dans son canton.

Il faut 5 à 6 hectolitres de plâtre, ou 7 quintaux métriques, par arpent.

Le produit des prairies artificielles plâtrées est double de celui des non plâtrées.

Les effets du plâtrage se continuent sur les récoltes subséquentes, probablement parce qu'il donne lieu à plus de débris.

C'est sur les feuilles, au printemps, qu'il convient le mieux de répandre le plâtre. On remarque que les prairies plâtrées se couvrent de plus de rosée que les autres. Cette observation a déjà été faite ; mais est-ce au plâtre ou à la plus grande vigueur de la plante qu'il faut attribuer cet effet !

On remarque peu l'effet du plâtre sur les céréales.

9. M. de Neirac, correspondant du Conseil pour le département de l'Aveyron, n'a pas observé que le fourrage des prairies artificielles plâtrées fût nuisible aux bestiaux qui le mangeaient. Il prend des précautions pour le dessécher complétement, et, par conséquent éviter la moisissure, qui est la cause des toux qu'on l'accuse de donner aux chevaux.

Cette observation est fort juste, et est dans le cas d'être notée.

Le plâtre ne produit aucun effet sur les céréales.

Les fourrages de la famille des légumineuses, sont ceux qui profitent le plus du plâtrage.

Il agit sur les prairies naturelles en terrain sec, mais peu sur celles en terrain bas et humide.

Le plâtre nouvellement cuit est meilleur que celui des plâtras, et ce dernier meilleur que le plâtre cru.

M. de Neirac observe qu'il n'a employé que du plâtre du pays (il est probable qu'il est du nombre des primitifs), mais qu'il offre de légères variations en couleur et en bonté.

Il en répand autant en mesure qu'il semerait de blé dans le terrain occupé par sa prairie artificielle.

C'est en poudre fine, et après la pluie, qu'il en fait usage.

La saison la plus favorable est le printemps. On peut aussi plâtrer les secondes coupes. Lorsqu'on plâtre trop tôt, les trèfles et les luzernes sont plus facilement et plus gravement frappés de la gelée, ce qui s'explique par la plus active végétation des tiges et des feuilles.

Du plâtre mêlé avec du fumier, et employé deux mois après, a produit des merveilles sur une vigne usée, lui ayant fait pousser des sarmens de dix pieds de long, et trois fois plus de raisin que sa voisine, simplement fumée.

M. de Neirac a joint à sa lettre un rapport imprimé, où il fait l'historique de ses premiers essais sur l'emploi du plâtre, et cite un fait qu'il est bon de noter. Un de ses voisins, M. de Saint-Maurice, ne récoltait que 23 quintaux sur une pièce de luzerne, quoiqu'elle ne fût qu'à sa troisième année, et que les circonstances atmosphériques lui eussent été favorables cette même année. Cette luzerne, plâtrée avec 9 francs de dépense, produisit, la quatrième, 150 quintaux de fourrage.

10. M. de Brebisson, correspondant pour le département du Calvados, nous annonce qu'on a cherché à décréditer le plâtre dans le voisinage de Falaise, sous la considération des mauvaises qualités qu'il donnait aux fourrages; mais que l'expérience a fait voir que les fourrages plâtrés n'étaient nullement nuisibles. Aujourd'hui on en fait un usage général, quoiqu'il soit cher, car on est obligé de le tirer de Paris.

On n'a pas trouvé de différence bien marquée entre les effets du plâtre cru et du plâtre cuit sur l'augmentation d'accroissement des plantes des prairies artificielles; mais il est reconnu comme constant que ceux du dernier sont moins durables; fait qui s'explique par la plus prompte action de ce plâtre.

Les terres calcaires sont celles qui s'en accommodent

le mieux ; après sont les franches reposant sur l'argile. Il ne convient pas à celles qui sont trop humides.

La quantité qu'on en répand sur un hectare est de 4 à 500 kilogrammes.

On le pulvérise sous la meule à cidre, dans le rapport de 1,000 à 1,200 kilogrammes, au moyen d'un cheval et de deux hommes.

Dans les prairies naturelles en terrain sec, le plâtre augmente généralement les récoltes d'un tiers pendant les deux premières années, et il se fait encore sentir à la troisième.

Dans les prairies artificielles, son effet est étonnant. Il agit d'une manière très-marquée au bout de dix jours. C'est le sainfoin qui en profite le plus.

Le plâtre se répand depuis la fin de mars jusqu'au commencement de mai.

M. le correspondant n'a pas vérifié si les trèfles plâtrés étaient plus susceptibles des atteintes de la gelée, mais la théorie le porte à le croire ; et, en effet, il a été observé plus haut que cela avait lieu.

11. M. Joumau, correspondant du Conseil dans la Charente-inférieure, n'a jamais vu employer le plâtre dans son département, où il ne se trouve pas de carrières de cette pierre ; mais il a eu occasion, dans un voyage, d'en apprécier les bons effets sur les prairies artificielles, et il se propose de faire, sur ses propriétés, des expériences dont il fera connaître le résultat.

12. M. Girard de Villesaison, correspondant pour le département du Cher, annonce que, depuis la découverte de la plâtrière de Saint-Amand, qui lui fournit du plâtre à 1 franc 50 centimes les 50 kilogrammes, les produits de ses terres ont plus que doublé. Il en répand environ 200 kilogrammes par hectare. Plus ne sert à rien, d'après son expérience.

C'est ordinairement à la fin de mars qu'il le répand; mais il a réussi en l'employant plus tard. L'essentiel est que les feuilles soient assez humectées pour qu'il puisse s'y attacher. Deux fois il a manqué de faire son effet : l'une, parce qu'une forte pluie l'avait entraîné; l'autre, parce qu'une sécheresse très-prolongée s'était opposée à son action.

Le plâtre de Saint-Amand est très-mélangé de terre; mais M. le correspondant ne dit pas s'il est primitif ou secondaire. Ce mélange porte à croire qu'il est de cette dernière sorte.

Il n'a retiré aucun avantage du plâtre sur les céréales.

13. M. Renucci, correspondant en Corse, annonce que dans son île, on ne connaît pas l'usage du plâtre en agriculture.

14. M. le baron du Taya, correspondant à Saint-Brieuc, Côtes-du-Nord, se contente de prévenir qu'il fera faire des expériences en 1821, et qu'il en sera rendu compte en 1822.

15. M. le chevalier de Sainthorent, correspondant du Conseil dans le département de la Creuse, nous apprend que le plâtre ne se trouve pas dans ce département, et que le haut prix de son transport ne permet pas de l'employer à l'agriculture; que s'il s'en répand quelquefois sur les chenevières, c'est celui qui provient de démolitions, et qui n'est pas distingué de la chaux par la manière de l'employer.

16. M. Girod-Chantrans, correspondant du Conseil dans le département du Doubs, annonce qu'il n'y a que du gypse primitif (qu'il appelle cependant secondaire) dans son département, et je l'ai vérifié dans plusieurs points; mais qu'on en fait peu d'usage pour l'amélioration des prairies artificielles, sous le prétexte

qu'il épuise promptement les terres, en les forçant de donner des récoltes surabondantes; prétexte qu'il arguë de faux, mais que je crois très-bien fondé.

Le gypse produit de bons effets, soit sur les terres calcaires, soit sur les argileuses, lorsqu'elles sont sèches et exposées au soleil. Il ne paraît pas avoir d'action sur les récoltes de celles qui sont très-humides. Il a connu des cultivateurs devenus riches par le seul emploi du gypse sur les prairies artificielles.

Employé cuit sur un pré naturel sec, il a doublé le produit la première année, et ses effets se sont fait sentir jusqu'à la quatrième. Répandu de nouveau sur une portion de ce même pré, l'année suivante, il a encore augmenté ses produits, mais moins.

Cette expérience prouve que M. Girod-Chantrans a eu tort d'assurer que le plâtrage n'épuisait pas le sol.

Dans une expérience comparative entre le plâtre cru et le plâtre cuit, tous deux améliorèrent beaucoup les récoltes, mais le cuit plus que le cru; ce qu'il attribue, comme tant d'autres, à la plus grande puissance d'absorption de l'humidité de l'air, dont est pourvu le plâtre cuit.

Il est résulté d'autres expériences, que ce plâtre n'a produit aucun effet sur le maïs, sur le chanvre (ailleurs il a agi sur ce dernier), sur les pommes de terre (même observation), excepté qu'il a accéléré leur maturité et a détérioré la saveur de leurs tubercules. Ce fait ne m'était pas connu, mais s'explique par la plus grande vigueur des feuilles. Il a amélioré le blé de Taganrok et les haricots.

17. M. Degros de Conflans, correspondant du Conseil dans le département de la Drôme, fait depuis longtemps usage du plâtre sur ses prairies. Il le tire du département de l'Isère, qui n'en doit offrir que du primitif,

de sorte que celui dit *d'emploi*, qu'il préfère, n'est probablement qu'une variété de ce dernier.

On peut employer le plâtre avec utilité sur les terres légères comme sur les terres fortes; cependant, dans les années très-sèches, il nuit plus qu'il ne sert.

Il observe qu'il ne faut le répandre sur les mêmes terres qu'à des retours éloignés, tous les dix ans par exemple; car il a remarqué que les blés qui succédaient aux récoltes plâtrées, étaient moins farineux et moins pesans que les autres, et que les noyers, les amandiers, souffrent du plâtrage.

C'est à sa propriété de fixer l'humidité que M. Degros de Conflans attribue les bons effets du plâtre semé au printemps (quelquefois au mois d'août) sur les trèfles, les luzernes, les sainfoins; il lui refuse, et avec raison selon moi, la qualité d'engrais qu'on lui donne si souvent.

18. Trois des correspondans pour le département de l'Eure ont fait passer des observations sur l'emploi du plâtre. L'un est M. le comte de la Pasture, demeurant à Évreux; l'autre, M. le comte de Blangy, demeurant près Pont-Audemer; et le dernier, M. Assire, demeurant à Louviers.

Le premier nous apprend qu'on fait un grand usage du plâtre pour augmenter les récoltes des prairies artificielles, et que c'est de Paris qu'on le tire.

On en répand 4 hectolitres par hectare; plus serait superflu. C'est à la fin de février ou au commencement de mars, par un temps doux et humide, qu'on procède à cette opération.

Toutes les prairies artificielles, n'importe la nature du sol, éprouvent l'influence puissante du plâtre, peut-être un peu plus la luzerne; on a même prétendu qu'elle avait quintuplé la récolte.

Son influence sur les prairies naturelles est beaucoup plus faible.

Cette abondance des produits ne nuit point à la durée des prairies; au contraire, faisant périr les herbes parasites, elle les conserve et assure les récoltes des céréales qui succèdent à ces prairies.

Le plâtre n'agit pas sur les céréales; cependant il en a obtenu de bons effets sur un blé mal venant.

Attirer l'humidité de l'air paraît être sa principale propriété.

Les recherches ont prouvé que l'emploi du plâtre sur les fourrages n'occasionnait pas la pousse des chevaux, qui est due à la moisissure de ces fourrages; ce qui s'accorde avec une observation déjà citée.

68 hectolitres de cendre et 15 hectolitres de plâtre furent répandus sur un hectare de prairie. La récolte, qui, l'année précédente, n'avait été que de 987 bottes de 8 livres chaque, fut celle-ci de 1,750. Le trèfle blanc et rouge de cette prairie avait acquis un accroissement prodigieux.

Ce fait semble expliquer pourquoi le plâtre produit peu d'effet sur certaines prairies : c'est que ces prairies offrent peu de trèfle dans leur composition.

Dans une autre expérience, la prairie était marécageuse et l'année pluvieuse; la cendre a été plus avantageuse à employer que le plâtre: ce qui est d'accord avec plusieurs observations déjà citées.

M. le comte de Blangy est convaincu qu'il y a toujours augmentation de produit lorsqu'on mêle la cendre avec le plâtre, et je suis de son avis, dans les principes de la théorie, la cendre (comme la chaux) rendant soluble l'humus, et le plâtre donnant aux trèfles et autres plantes susceptibles de son action plus de capacité pour s'approprier cet humus.

Deux chevaux mis au trèfle plâtré pour toute nourriture, sont devenus poussifs; mais M. le comte de Blangy n'est pas convaincu que cet effet ait été produit par le plâtre. Il se propose de faire des expériences pour en rechercher la cause.

M. Assire confirme les faits ci-dessus. Il répand un hectolitre de plâtre de Paris par arpent, et en obtient un tiers plus de fourrage. C'est sur les trèfles que ses effets sont le plus marqués. Il regarde le trèfle comme la plante sur laquelle il a le plus d'action, action qu'il croit uniquement stimulante, et il ne doute pas que le trèfle plâtré ne donne la pousse aux chevaux.

L'usage des cendres est également vanté par lui.

19. M. le vicomte Lelong, correspondant du Conseil dans le département d'Eure-et-Loir, apprend qu'il emploie le plâtre des environs de Paris; qu'il en faut trois hectolitres par hectare, soit cru, soit cuit, mais en poudre.

Il gagne à être joint à la chaux. (J'observe qu'il y a peu de différence entre la chaux et les cendres employées dans le département précédent.)

Le produit des prairies artificielles est doublé par son usage, et celui des prairies naturelles augmenté d'un tiers. Il agit faiblement sur les céréales.

Avant les gelées il offre peu d'avantages, mais il en offre beaucoup après les gelées.

Mars et avril sont les mois où il convient de le répandre.

Les récoltes qui succèdent aux prairies artificielles plâtrées, sont généralement meilleures.

C'est en attirant l'humidité de l'air qu'il agit.

20. MM. Lebastard de Kerguifinet, Mauduit et de la Fruglaie, correspondans du Conseil dans le département du Finistère, envoient des renseignemens

sur les effets du plâtre. Ceux de ce dernier lui ont été remis par M. Brularie.

Le premier, demeurant à Quimper, mande que le plâtre n'est pas connu dans son arrondissement, et qu'on ne pourrait s'en fournir qu'à grands frais, en le faisant venir de Paris par la Loire et par mer.

Le second, demeurant à Quimperlé, en a fait usage une seule fois; mais il n'a pu s'en procurer depuis.

M. Brularie n'emploie le plâtre que depuis l'année précédente.

Il le tire de Paris, et le répand cru et en poudre, sur le pied d'environ 300 livres par journal du pays.

M. Brularie répand son plâtre après les coupes, c'est-à-dire, lorsque les tiges ne conservent plus que le petit nombre de feuilles qui ont échappé à la faulx. Il a cru reconnaître que le plâtre répandu sept à huit jours après la fauchaison, agissait plus efficacement que celui qui est répandu deux jours après; ce qui n'est pas étonnant, puisque, dans le premier cas, beaucoup de feuilles de la recrue sont développées.

Une rosée abondante se remarque sur les prairies artificielles plâtrées.

Le plâtre est répandu le matin ou le soir, lorsque la rosée se montre, ou avant la pluie.

Quatre abondantes coupes de luzerne et trois de trèfle, ont été, pour M. Brularie, le résultat du plâtrage.

Il fait usage de cendres qu'il répand au printemps.

Des plâtras réduits en poudre ont produit de bonnes récoltes.

Les ajoncs ont tellement prospéré dans les prairies artificielles plâtrées, que M. Brularie ne doute pas qu'il y aurait beaucoup d'avantage à plâtrer leurs semis dans la lande; observation très-importante, à mon avis, et que je recommande aux possesseurs de landes.

Ce cultivateur pense que les plâtrages peuvent dispenser de fumer les terres qu'on se propose de remettre en blé; mais c'est une grave erreur qu'il serait fâcheux de propager.

Il reconnaît qu'il est mieux de répandre le plâtre au printemps, au moment où les plantes commencent à pousser et retiennent la rosée, de sorte qu'il est probable qu'il aura abandonné sa méthode citée plus haut, de le répandre entre les coupes.

Le plâtre cuit est plus faible dans son action, selon M. Brularie.

21. M. de la Cour la Gardiolle, correspondant du Conseil dans le département du Gard, rapporte que lui et ses voisins de l'arrondissement du Vigan, ont inutilement cherché à employer le plâtre sur leurs prairies artificielles, en variant les procédés de toutes les manières. Il en conclut que ce moyen, si fructueux ailleurs, ne convient pas aux terres sèches et légères de cet arrondissement.

22. M. Galy, correspondant du conseil dans la Haute-Garonne, reconnaît que c'est à l'emploi du plâtre que son département doit l'amélioration de sa culture.

Il ne s'applique qu'aux prairies artificielles.

On l'emploie pulvérisé, cru ou cuit; ce dernier, à la sortie du four, a le plus grand effet connu. Sa valeur au four n'est que de 70 centimes le demi-quintal métrique.

L'opinion la plus probable est qu'il agit en attirant l'humidité de l'air.

Jamais on ne le répand sur la terre; on croit même qu'il serait nuisible dans ce cas.

Il ne dit pas si c'est du plâtre primitif ou du plâtre secondaire dont il fait usage; mais je crois que c'est du premier.

23. Deux des correspondans du Conseil dans le département du Gers ont répondu aux questions sur l'emploi du plâtre.

L'un, M. Grisony, cultive près de Rodès; l'autre, M. de Colomé, cultive aux environs de Montfort.

Le premier emploie le plâtre cuit, et à raison d'un hectolitre par 50 ares, sur les prairies artificielles déjà en végétation.

L'effet du plâtre se reconnaît huit jours après l'opération. Il donne une telle vigueur à la luzerne, au sainfoin, au trèfle, que les plantes parasites qui croissent avec ces fourrages, sont bientôt étouffées; circonstance à laquelle j'observe qu'on n'a pas fait jusqu'ici assez d'attention.

On peut bonifier avec une dépense de 4 francs en plâtre, plus qu'avec une dépense de 60 francs en fumier.

L'effet du plâtre sur des terres de nature différente, a été à-peu-près le même. Celles de M. Grisony sont argilo-calcaires, argilo-siliceuses, calcaires, même crayeuses, plus ou moins fertiles.

Il déclare qu'après dix ans de succès constans, ses prairies plâtrées sont médiocres au moment où il écrit; ce qu'il attribue aux gelées de l'hiver précédent, mais qu'on pourrait croire être l'effet de l'épuisement du sol.

Le plâtre, répandu sur les prairies naturelles, y fait prédominer les trèfles et autres plantes légumineuses, toutes excellentes pour la nourriture des bestiaux; ce qui explique pourquoi, ainsi que je l'ai déjà observé, il ne produit pas constamment de bons effets sur ces prairies.

On emploie le plâtre cuit : il provient des carrières du pays; il doit donc être primitif.

Les terres humides en reçoivent peu d'amélioration.

Il en est de même des plantes céréales.

Des essais semblent faire croire qu'à quelque époque qu'on répande le plâtre sur les prairies artificielles, il produit plus ou moins d'effet.

Quoique M. Grisony ait, plus haut, attribué à la gelée le mauvais état de ses trèfles au moment où il écrivait, il déclare qu'il n'a pu reconnaître son influence sur les pièces plâtrées.

M. de Colomé annonce que, malgré son exemple, et l'abondance du plâtre dans son arrondissement, tous les cultivateurs n'en font pas encore usage.

Par son moyen, il a constamment doublé ses récoltes de fourrages artificiels.

L'effet du plâtre dure quatre ans sur les prairies naturelles, en diminuant chaque année.

Il accélère la maturité des céréales et assure même la fécondation des arbres fruitiers plantés dans les prairies artificielles.

Il semble constaté que le plâtre cuit a plus d'efficacité que le plâtre cru, et que cette efficacité diminue à mesure qu'il y a plus long-temps qu'il est calciné.

Un hectolitre par hectare est la quantité qu'on doit en répandre.

Le commencement du printemps est l'époque la plus favorable pour cette opération. Il faut choisir, pour l'exécuter, un temps calme et brumeux.

M. de Colomé ne pense pas que les plantes plâtrées soient la cause directe de la pousse dans les chevaux ; car ces animaux préfèrent ces plantes, et l'instinct les leur ferait repousser, si cela était.

Le plâtrage du blé a eu beaucoup de succès dans l'expérience unique qu'il a faite pour s'assurer de son effet sur les céréales.

Une prairie plâtrée lui a fourni presque le double de foin d'une prairie de même contenance qui ne l'était pas.

Le plâtre cuit a paru préférable au plâtre cru.

24. Trois des correspondans du Conseil pour le département de l'Hérault, ont répondu à son appel.

M. Coste-Fregeorgue annonce que l'emploi du plâtre n'est point généralement usité dans les environs de Montpellier, quoique son exemple, depuis cinquante ans, ait prouvé ses bons effets.

Le plâtre cuit mérite incontestablement la préférence sur le plâtre cru, sous les rapports de l'effet et de l'économie.

Il agit sur toutes les terres, mais moins sur les argileuses, sur-tout quand elles sont humides.

L'augmentation qu'il apporte aux produits des prairies artificielles, est du tiers à la moitié.

Mais, pour que cet avantage soit certain, il faut que le plâtre soit répandu au printemps, par un temps calme et brumeux, ou avant la pluie. On peut cependant, dans certains cas, choisir une autre époque.

Le plâtre n'a produit aucune amélioration dans l'accroissement des céréales.

Il en a été de même pour celui des prairies naturelles.

M. le correspondant ne peut dire si le plâtre agit comme stimulant ou autrement.

Le plus récemment cuit est certainement et constamment le meilleur.

Jamais son action n'est plus marquée que lorsqu'il pleut peu après qu'il est répandu.

Il ne dit pas si c'est du plâtre d'Aix, qui est secondaire, ou du plâtre de la montagne, qui est primitif, dont il a fait usage; mais il annonce qu'il fera ultérieurement des expériences pour constater leurs différences d'action.

M. d'Hauteroche nous fait connaître que personne ne fait usage du plâtre dans les environs de Béziers. Il l'a essayé sans succès sur ses prairies artificielles et sur ses vignes.

Comme il dit qu'il l'a enterré au pied de ses souches de vigne, et qu'il ne dit pas qu'il l'ait répandu sur les feuilles de ses prairies, on peut croire que la non-réussite provient de ce que ce correspondant a mal opéré.

Il a été remarqué plus haut que le plâtre a produit des effets très-avantageux sur la récolte des vignes, lorsqu'il avait été répandu sur les feuilles pendant leur développement.

M. le marquis de Saint-Maurice fait savoir qu'aux environs de Lodève il y a une carrière à plâtre, et qu'il est le premier qui en ait fait usage ; mais qu'il n'en a jamais obtenu qu'un quart d'augmentation dans les produits des récoltes de ses prairies artificielles.

Il répand, en mars ou en avril, par un temps pluvieux, un hectolitre de plâtre cuit et en poudre sur un hectare de terre légère, la seule sorte qu'il possède, et où il cultive principalement le sainfoin.

Une remarque importante, c'est qu'il est plus nuisible qu'utile, d'après son expérience, de plâtrer les sainfoins la première année de leur semis ; c'est à la troisième et à la quatrième année, lorsqu'ils commencent à s'affaiblir, qu'il est le plus avantageux de le faire. Cette remarque, déjà émise plus haut, est très-digne d'être prise en considération.

25. MM. Delorgeril, Aubert de Trégomain et Guimberteau, correspondans pour le département d'Ille-et-Vilaine, mandent ;

Le premier, qu'un hectare de trèfle de deux ans,

plâtré, a produit 238 kilogrammes de fourrage frais de plus que le même espace non plâtré.

C'est le 27 avril, et par un temps pluvieux, que cette expérience a été faite avec du plâtre cru, sur une terre argileuse, humide, mais précédemment amendée avec du sable calcaire.

Du plâtre répandu sur un trèfle de trois ans, sur lequel de l'orge avait été semée, n'a pas offert de différence marquée, et le grain en était moins pesant que celui de l'orge qui n'avait pas été plâtrée.

Une expérience analogue a déjà été citée.

La terre employée à cette expérience était argileuse, sèche, bonne, et amendée précédemment.

Une seconde coupe de trèfle, dans un terrain semblable, ayant été plâtrée le 17 juin, a produit 500 kilogrammes de fourrage frais de plus que pareil espace du même trèfle non plâtré.

Toutes les terres de M. de Lorgeril sont argileuses; ainsi il n'a pas pu faire d'expériences comparatives. Le plâtre de Paris, apporté par mer à Saint-Malo, la ville la plus près de son exploitation, est le seul qu'il emploie.

Il n'a trouvé aucune différence entre l'effet du plâtre cru et celui du plâtre cuit; mais comme ce dernier est plus facile à réduire en poudre, il en fait usage de préférence.

Le deuxième, M. de Trégomain, qui demeure près de Fougères, mande que quelques essais ont prouvé, dans son arrondissement, l'utilité du plâtre employé en poudre sur les prairies artificielles; mais que sa cherté n'a pas permis jusqu'à présent d'en faire un usage étendu, et il n'a rien de particulier à en dire.

Le troisième, M. de Guimberteau, dont les propriétés sont situées dans l'arrondissement de Montfort, répond positivement de la même manière.

26. M. le marquis de Barbançois, correspondant dans le département d'Indre-et-Loire, plâtre ses sainfoins d'un an, au moment de la première pousse, depuis plus de quinze ans, et s'en est toujours bien trouvé. Ses terres sont argilo-calcaires; il en emploie quatre quintaux métriques par hectare. Quoique ses chevaux soient presque exclusivement nourris avec le sainfoin plâtré, ils ne sont pas plus souvent attaqués de la pousse que ceux de ses voisins.

Le plâtre n'exerce pas d'action bien notable sur les céréales, ce qu'il attribue à la disposition droite et au peu de largeur de leurs feuilles; circonstances qui s'opposent à ce que la poudre de cette substance se fixe sur elles.

Mais des céréales semées sur un défrichis de sainfoin plâtré donnent toujours de meilleures récoltes que celles que l'on sème dans un autre endroit.

Le plâtre le plus dur, le plus récemment cuit et le moins cuit, est le meilleur : il doit être répandu par un temps pluvieux, mais non pendant la pluie.

L'action du plâtre est regardée par M. de Barbançois comme due à sa propriété d'attirer l'humidité de l'air et à sa propriété stimulante.

L'effet du plâtre sur les prairies artificielles en sol humide est presque nul ; il est plus ou moins marqué sur les prairies naturelles, selon la nature de terre où elles se trouvent, mais jamais autant que sur les artificielles.

Le plâtre primitif n'a pas été employé par ce correspondant.

Un autre correspondant dans ce département, M. Deschartres, fait observer que le plâtre agit en soutirant l'humidité de l'atmosphère, et en devenant principe constitutif des plantes de la famille des légumineuses et autres;

Que son effet est presque nul sur les graminées;

Que l'humidité est nécessaire à son action;

Que le plâtre cru étant plus difficile à réduire en poudre et moins avide d'humidité, produit des effets plus lents et moins marqués que le plâtre cuit.

C'est le plâtre de Paris dont a fait usage M. Deschartres; il lui coûte 3 francs le quintal à Châteauroux: aussi l'emploie-t-on peu dans son département.

Jamais il ne s'est aperçu que le trèfle plâtré fît tousser ses chevaux; et cependant il le leur donne souvent vert et peu de temps après le plâtrage.

27. M. Aubert du Petit-Thouars, correspondant du Conseil d'agriculture pour le département d'Indre-et-Loire, mande que le plâtre est trop cher dans son département pour être employé en agriculture, et qu'il n'en a jamais fait usage.

28. MM. Fuziers frères, correspondans du Conseil dans le département de l'Isère, font un grand usage sur leurs prairies artificielles, principalement sur leurs trèfles, du plâtre primitif de Vezilles, et jamais ils ne l'ont employé cru. Ceux de Paris et d'Aix ne leur sont pas connus.

Une expérience faite sur les céréales ne leur a pas réussi.

Plusieurs essais tentés sur des prairies naturelles n'ont pas eu plus de succès.

Ils n'ont pas fait d'expériences sur les prés bas et humides.

Jamais les trèfles plâtrés n'ont donné la pousse à leurs chevaux, quoiqu'ils en soient nourris toute l'année, parce qu'ils apportent beaucoup de soin à leur dessiccation;

mais ceux qui sont moisis sont dans le cas de faire naître cette affection.

Je fais observer que cette distinction a déja été établie plus haut.

29. M. Brune, correspondant du conseil pour le département du Jura, a le premier introduit le plâtre dans l'agriculture de son canton. Il n'emploie que celui du Jura, qui est primitif; ceux de Paris ou d'Aix lui reviendraient trop cher.

Le plâtre n'agit point sur les plantes semées dans les terres humides et froides.

Il produit des effets miraculeux sur les terres sèches, qu'elles soient légères ou fortes.

Il en faut un quintal métrique par hectare.

Les céréales ne profitent nullement de son emploi; mais les prairies naturelles, lorsqu'elles sont sèches, et qu'on en augmente la dose, doublent de produit la première année et s'en ressentent pendant cinq ans.

C'est en mars ou avril, et la veille d'une pluie, qu'il est le plus avantageux de répandre le plâtre.

Il tire son action de sa propriété d'attirer l'humidité de l'air et d'activer la force végétative.

Je visitais les cultures de M. Brune, et applaudissais à ses succès dans l'emploi du plâtre, lorsqu'un cultivateur, qui passait, s'arrêta pour me blâmer, attribuant à la perfection actuelle de la culture du canton, perfection due aux bons exemples de ce correspondant, le vil prix auquel le blé et les fourrages étaient tombés.

30. M. Basquiat-Mugriet, correspondant du Conseil pour le canton de Saint-Sever, département des Landes, mande que, quoiqu'il existe deux carrières de plâtre dans son arrondissement, il est de si mauvaise nature, et revient, pris à la carrière et brut, à un si haut prix

(1 franc 50 centimes), qu'il n'est pas possible d'en faire usage sur les prairies artificielles avec quelque profit.

Les expériences auxquelles s'est livré ce correspondant, n'ont pas été faites avec des précautions assez rigoureuses pour qu'on puisse en tirer d'autre conclusion que celle qu'il réussit sur les terres sèches, et ne produit pas d'effet sur les terres humides. Il paraît que ces dernières sont les plus communes dans la partie des Landes qu'il habite.

Le plâtre a fait sécher sur pied le seigle qui en avait été saupoudré.

M. Basquiat-Mugriet promet de nouvelles expériences.

M. Martres, autre correspondant du Conseil, demeurant à Mont-de-Marsan, répond dans le même sens que le précédent, c'est-à-dire, que le plâtre est trop cher et de trop mauvaise qualité pour être employé dans ses cultures; aussi n'a-t-il pas fait d'expériences.

31. M. le marquis de Guercheville, correspondant du Conseil dans le département de Loir-et-Cher, a employé comparativement par bandes le plâtre cru et le plâtre cuit, et n'a pas trouvé de différence sensible dans leurs effets; mais comme le plâtre cru est fort coûteux à réduire en poudre, et que le bois est à bon marché dans son canton, il emploie habituellement le cuit.

Jamais ses chevaux n'ont été affectés de la pousse, quoiqu'ils soient presque exclusivement nourris de fourrages plâtrés.

Les récoltes qui succèdent aux prairies artificielles plâtrées sont meilleures que celles qui succèdent à des prairies artificielles non plâtrées.

L'action du plâtre sur les céréales est nulle ou presque nulle.

Ce correspondant est persuadé que le plâtre a d'autant plus d'action, que les terres sont meilleures ou ont été plus fortement fumées; observation tout-à-fait en concordance avec la théorie, et qui mérite la plus sérieuse attention des cultivateurs.

C'est sur les terres sèches et arides que le plâtre produit les effets les plus étonnans.

Le plâtre de Paris est celui qui est employé par ce correspondant, trop éloigné des carrières de plâtre dit primitif, pour pouvoir facilement s'en procurer. Il en emploie deux hectolitres par hectare, et le répand en février ou mars, lorsque ses prairies artificielles commencent à pousser.

Un essai fait sur une prairie naturelle n'a rien offert d'avantageux.

32. M. de Belzevrie, correspondant du Conseil dans le département de la Loire, arrondissement de Montbrison, a reconnu, par son expérience, que le plâtrage des prairies artificielles, lorsque le plâtre est bon, et qu'elles ont été hersées à la fin de l'hiver (ces deux opérations n'ont pas encore été appréciées), triple le produit de leur récolte. On doit toujours le répandre au moment où les plantes fourrageuses entrent en végétation; alors il agit sur plusieurs coupes, par suite de l'effet des pluies qui l'appliquent sur le collet des racines.

Le plâtre de Bourgogne, qui est primitif, est celui qu'il emploie.

Il ne s'est pas aperçu que ses bestiaux, qui sont journellement nourris de fourrages verts plâtrés, fussent affectés de la pousse; mais il serait possible que les trèfles plâtrés et pâturés fissent naître cette maladie.

Les prairies naturelles profitent peu du plâtrage.

Le plâtre répare le désastre des gelées sur le trèfle et le sainfoin.

Il améliore sensiblement les vesces, les gesses, les pois gris.

Son action semble résulter de la propriété qu'il a d'attirer l'humidité de l'air.

33. M. Lecoq, correspondant du Conseil dans le département du Loiret, arrondissement de Pithiviers, nous apprend que le plâtrage des prairies artificielles, des vesces et des gesses, est en faveur dans son canton depuis une quinzaine d'années, et qu'on a, par ce moyen, augmenté au moins d'un tiers le produit des fourrages; mais qu'il a fait en vain plusieurs essais pour l'appliquer aux terres de sa propriété, qui sont fortes et argileuses; ainsi c'est d'après la pratique de ses voisins qu'il va répondre.

On n'emploie que le plâtre des environs de Paris.

Celui qui est cuit sur les lieux produit plus d'effet que celui qu'on apporte cuit.

On en répand environ 150 livres par arpent, à l'issue de l'hiver, avant la pousse des feuilles.

M. Lecoq a observé que les céréales semées sur les défrichis des prairies artificielles plâtrées, étaient bien plus belles que celles qui se sèment sur les défrichis de prairies artificielles non plâtrées.

Le plâtre paraît agir comme stimulant, et comme attirant l'humidité de l'air.

34. Dans une première lettre, M. de Raignac, correspondant du Conseil dans le département de Lot-et-Garonne, observe que le plâtre est peu employé dans l'agriculture de son département.

Un petit nombre d'essais ont constaté que cuit il a activé la végétation des trèfles dans des terres d'alluvion et dans des argiles tenaces, au préalable bien engraissées.

Cependant, ce correspondant ayant fait répandre du plâtre de Montmartre cuit, sur du trèfle et du sainfoin, en terrain calcaire-argileux, qui n'avait pas reçu de trèfle depuis long-temps, ces fourrages ne furent nullement améliorés et demeurèrent tout aussi faibles que ceux du voisinage qui n'avaient pas été plâtrés, quoiqu'on eût opéré lorsque les feuilles étaient développées et par un temps brumeux.

Il ajoute que quelques cultivateurs ont plâtré sans succès des prairies naturelles.

Par une lettre subséquente, M. de Raignac rend compte de quelques expériences dont les résultats ont été peu satisfaisans, à raison de circonstances perturbatrices.

Il résulte, selon lui, de ses essais, et j'entre complétement dans son opinion, que le plâtre n'a d'effet qu'autant qu'il y a beaucoup d'humus dans la terre, ce qui a été constaté par plusieurs autres correspondans.

35. M. Barbut, correspondant du Conseil dans le département de la Lozère, ne connaît pas de carrières de plâtre dans ce département; et celui qu'on tire des départemens voisins, encore en très-petite quantité, est d'un prix si élevé, qu'il n'est pas possible de l'appliquer à l'agriculture.

36. M. Bonnemère, correspondant du Conseil dans le département de Maine-et-Loire, emploie le plâtre sur ses trèfles et sur ses luzernes, et en a toujours obtenu un succès prononcé. Il n'a pas remarqué que le plâtre cuit fît plus d'effet que le plâtre cru; cependant il préfère le premier, parce qu'il est plus facile à broyer.

Les résultats du plâtrage durent trois ans.

Il diminue la reproduction des mauvaises herbes.

Environ 500 kilogrammes par hectare est la quantité de plâtre de Paris qu'il est convenable d'employer.

Aucun avantage n'a été reconnu au plâtrage des prairies artificielles semées dans les terrains humides et compactes, mais beaucoup à celui de ces prairies en terrain propre au seigle.

M. de Bonnemère croit que le plâtre attire l'humidité de l'atmosphère; mais il lui paraît certain qu'il agit aussi comme engrais.

Je ne pense pas comme lui, à cet égard; car le plâtre ne contient point de matières animales ou végétales, les seules qui puissent fournir de l'humus à la terre.

37. Trois de MM. les correspondans du Conseil dans le département de la Marne, ont répondu à l'appel qu'il a provoqué.

M. Dergères a, le premier de son arrondissement, introduit dans sa culture le plâtrage des prairies artificielles, et par cela seul il a considérablement accru ses revenus. Il envoie un mémoire sur les bons effets du plâtrage, couronné par la Société royale et centrale d'agriculture de la Seine, et imprimé en 1817 dans les *Annales d'agriculture*, mémoire rempli de faits, et qui a puissamment concouru à étendre l'usage du plâtre dans toutes les parties de la France où il n'était pas connu; mais dans lequel la matière n'a été considérée sous le point de vue actuel, que par circonstance, si je puis employer ce terme. J'ai vu les cultures de ce correspondant, et j'ai dû applaudir aux bons effets du plâtrage sur leur amélioration générale.

M. Godart, de Juvigny, correspondant du même département, arrondissement de Chaalons, a fait usage du plâtre; mais il préfère aujourd'hui les cendres sulfureuses, qui agissent de même, mais plus efficacement.

Il cite l'adage des cultivateurs de son voisinage, *Le plâtrage enrichit les vieillards pour ruiner les enfans*; adage que je crois vrai, lorsqu'on n'augmente pas les engrais dans les terres plâtrées; mais qui, à mon avis, s'applique aussi complétement aux cendres sulfureuses.

Ceux qui font usage du plâtre, le tirent de Paris ou

de la Ferté; ils l'emploient cuit et en poudre, au mois de mars ou d'avril.

Ce correspondant pense que le plâtre attire l'humidité de l'air et de la terre; et, par suite de cette dernière idée, il prétend qu'il est plus avantageux de le répandre sur les prairies artificielles en terrains compactes et argileux, que sur les terres sèches et légères; ce qui est en opposition avec ce qui a été observé jusqu'ici. Au reste, il se propose de faire de nouvelles expériences dont les résultats seront communiqués au Conseil.

M. Carbonnet, correspondant du même département, pour l'arrondissement de Reims, a envoyé des notes dont les premières ont été imprimées par extrait, d'après l'ordre du Conseil, dans le tome XVII de la nouvelle série des *Annales d'agriculture*.

Il a augmenté la paille et le grain d'un froment, et le produit en foin d'un pré, sur lequel il en avait été répandu; faits en discordance avec beaucoup de ceux qui viennent d'être passés en revue.

38. M. le marquis de Bailly, correspondant du Conseil d'agriculture dans le département de la Mayenne, n'a jamais employé le plâtre comme amendement, attendu qu'il ne se trouve pas dans son département, et coûte excessivement cher à ceux qui veulent en faire venir. Il préfère l'emploi de la chaux; cependant il se propose d'entreprendre des expériences dont il fera connaître le résultat au Conseil.

39. L'emploi du plâtre s'étend de jour en jour dans l'arrondissement de Château-Salins, où demeure M. Thomassin, curé d'Achain et correspondant du Conseil d'agriculture pour le département de la Meurthe, et l'on en retire de grands avantages sur les prairies artificielles.

C'est le primitif, le seul propre à ce département, et cru, mais réduit en poudre, coûtant 80 centimes le quintal, qu'on répand à la quantité de 6 quintaux par hectare, sur les vesces, les chanvres, les lins, et sur-tout sur les trèfles. Son effet sur ces derniers est principalement très-important dans les cantons qui manquent de prairies naturelles.

Le plâtre profite aux terres légères, sableuses, argileuses, sèches, humides ; enfin à toutes.

M. Thomassin ne croit pas que le plâtre attire l'humidité de l'air.

Son effet sur le trèfle peut être évalué à un tiers en sus au moins.

Ce n'est pas par expérience que le plâtre cru est préféré, c'est parce que sa cuisson, à raison de la rareté du bois, en augmenterait trop la valeur.

M. Germain, autre correspondant de ce département, arrondissement de Sarrebourg, emploie depuis long-temps, ainsi que tous ses voisins, le plâtre sur les prairies naturelles et artificielles en sol pierreux. Il profite aussi sur les vesces, les pois, les lentilles, les féves de marais.

Il n'agit pas sur les terres d'où on le tire : les temps humides favorisent ses effets.

Une remarque propre à M. Germain, du moins en tant que positive, c'est que le plâtre, répandu sur les repousses des prairies artificielles, après la première coupe, augmente les produits ultérieurs dans une plus forte proportion que lorsqu'on le répand au printemps.

Le plâtre s'emploie cru ou cuit ; mais ce dernier est préférable sur les prairies naturelles.

S'il attirait l'humidité de l'air, il n'aurait pas besoin de pluie, et cependant elle lui est favorable.

On le répand en février, mars, avril et mai.

40. M. Major, correspondant du Conseil dans le département de la Meuse, arrondissement de Bar-le-Duc,

fait usage du plâtre depuis vingt-cinq ans, et en a toujours reconnu les avantages, quoique la difficulté de s'en procurer de bon, et son haut prix, l'aient souvent forcé d'en interrompre l'emploi.

Ce correspondant a inutilement essayé de l'appliquer aux céréales, aux colzas, aux navettes : il ne s'en sert que sur les prairies artificielles.

Neuf doubles décalitres suffisent pour un hectare.

Il a de très-beaux blés après les trèfles plâtrés.

Ses terres sont légères et pierreuses.

C'est après les dernières gelées qu'il répand le plâtre, en choisissant un jour nuageux et sans vent.

Il croit que le plâtre agit en attirant l'humidité de l'air ; car les trèfles plâtrés offrent plus de rosée que les autres.

M. Genin, autre correspondant pour ce département, dans les environs de Verdun, annonce que depuis une douzaine d'années on emploie beaucoup, dans son arrondissement, le plâtre de Thionville sur les trèfles. A Verdun, il est livré aux cultivateurs calciné et réduit en poudre, au prix de 8 francs l'hectolitre. On en emploie un hectolitre et demi par hectare, qu'on répand lorsque le trèfle commence à pousser, par un ciel couvert et un temps calme. Il prolonge son action sur plusieurs coupes, dont la seconde est la plus abondante.

Plusieurs cultivateurs pensent que le plâtrage des trèfles ne produit des récoltes actuelles si avantageuses qu'aux dépens des récoltes futures, et la théorie appuie l'opinion de ces cultivateurs ; ainsi il faut ou augmenter les engrais, ou ne faire reparaître qu'à de longs intervalles les prairies artificielles plâtrées.

Le plâtre cru agit comme le plâtre cuit, mais plus

lentement. La dépense de la pulvérisation du premier le fait exclure.

Les récoltes de céréales faites sur le défrichis des trèfles plâtrés, sont presque nulles, ce qui est en opposition avec ce qui a été certifié plus haut; mais ce qui provient, peut-être, de la mauvaise nature du sol de la propriété de M. Genin, propriété que j'ai parcourue.

C'est à cette mauvaise nature que j'attribue également les suites du plâtrage d'un vieux sainfoin de la même propriété. En effet, cette opération, en ranimant la vigueur des racines, leur a fait épuiser plus promptement les restes de l'humus contenu dans le sol : ce sainfoin a donc dû périr de faim, si je puis employer cette expression.

Toutes les terres de M. Genin, à quelques hectares près, sont d'une aridité extrême; ainsi il n'a pu faire d'expériences comparatives sur les terres marécageuses, relativement à l'emploi du plâtre.

41. M. Trochu, correspondant du Conseil dans le département du Morbihan, demeurant à Belle-Ile-en-Mer, emploie le plâtre, dans son exploitation, depuis une douzaine d'années, et en retire des avantages pour augmenter le produit de ses récoltes de trèfle. C'est le plâtre de Paris, cuit et réduit en poudre, dont il fait usage. Il ne peut cependant pas répondre à toutes les questions du Conseil, n'ayant point fait, jusqu'à présent, d'expériences comparatives ; mais il se propose d'en entreprendre bientôt, et il en fera connaître le résultat.

Il pense que le plâtre n'agit pas comme attirant l'humidité de l'air, puisque la chaux l'attire plus que lui et n'active pas la croissance du trèfle, mais bien par son acide sulfurique ; car, appliqué en trop forte dose, il détruit la végétation.

Ce correspondant nourrit, presque toute l'année,

douze chevaux avec du trèfle et de la luzerne plâtrés, soit verts, soit secs, sans en éprouver d'inconvéniens; mais il a remarqué que lorsqu'on donnait à ces chevaux ces deux fourrages moisis, sur-tout verts, ils toussaient de suite.

42. L'usage du plâtre est peu commun dans le département de la Nièvre, au rapport de M. Givry, correspondant pour l'arrondissement de Clamecy, qui, cependant, par son moyen, a doublé la récolte de ses trèfles et de ses sainfoins, en le répandant la seconde année de leur semis : plutôt, il devient pernicieux.

C'est au printemps qu'il emploie celui de Décise, le seul qu'il connaisse.

J'observe que ce plâtre, déjà cité, et dont j'ai visité la carrière, est du nombre des primitifs.

Il promet de nouvelles expériences.

43. M. Fournier, correspondant pour l'arrondissement d'Avesnes, département du Nord, assimile au plâtre les pierres blanches de son canton. Il est évident par sa lettre même que ces pierres sont calcaires; ainsi je me dispenserai de mettre ce qu'il dit de leurs propriétés fertilisantes sous les yeux du Conseil, puisqu'il n'est pas dans son intention de s'occuper en ce moment de l'usage de la chaux.

44. M. Millon, correspondant du conseil dans l'arrondissement de Beauvais, département de l'Oise, emploie le plâtre de Paris avec le plus grand succès sur toutes ses prairies, et particulièrement sur les artificielles. Il n'en connaît pas d'autre sorte.

Son opinion est que le plâtre agit comme stimulant.

Le plâtre agit plus puissamment, lorsqu'il est répandu au premier printemps, avant ou après une pluie peu abondante.

Trois quintaux par hectare sont la quantité la plus convenable.

Il est difficile de se refuser à croire que, lorsque la nourriture des chevaux avec les fourrages plâtrés leur donne la pousse, c'est parce que ces fourrages avaient été mal desséchés.

Le plâtre a de l'action sur les céréales; mais il faut un plus grand nombre d'expériences pour en connaître l'étendue.

M. Levasseur, autre correspondant du Conseil dans le département de l'Oise, arrondissement de Breteuil, emploie le plâtre sur ses prairies artificielles, depuis plus de vingt ans, avec le plus grand succès. C'est le plâtre de Paris dont il fait usage.

Les terres légères et les années sèches sont celles où il agit avec le plus d'efficacité.

Il est indifférent, pour les résultats, de se servir de plâtre cru ou de plâtre cuit; mais ce dernier se pulvérisant plus facilement, il est et doit être préféré par économie.

Le mode d'action du plâtre dépend de sa faculté d'attirer l'humidité de l'air.

Il est essentiel de répandre le plâtre par un temps sec; car les eaux pluviales en diminuent l'action.

Je remarque que cette observation est en complète discordance avec l'opinion de la plupart des autres correspondans.

L'époque où il est le plus convenable de répandre le plâtre, est lorsque les plantes fourrageuses ont déjà acquis un certain développement; savoir: en avril, pour les luzernes et les sainfoins, et en mai, pour les trèfles et minettes.

C'est sur le trèfle qu'il agit le plus puissamment.

S'il améliore les prés naturels, c'est en activant la végétation du trèfle blanc, qui ne se faisait pas apercevoir.

Un hectolitre un quart par hectare est la quantité qu'il convient de répandre.

Il en coûte quatre fois autant de cendres sulfureuses pour amender pareille étendue.

La qualité du plâtre diminue à mesure qu'on en éloigne l'emploi de l'époque de sa calcination.

Les prairies artificielles plâtrées supportent mieux les grandes sécheresses que les autres.

Des pommes de terre plâtrées ont poussé des fanes plus vigoureuses, mais ont donné une récolte de tubercules moindre et de plus mauvaise qualité. Cette observation a déjà été faite plus haut. La terre qui entourait ces tubercules a paru plus humide; mais cela tenait sans doute à une inondation antérieure de quelques mois à la récolte.

Les résultats du plâtrage des céréales ont été presque nuls.

45. Deux des correspondans du Conseil pour le département de l'Orne ont satisfait aux demandes relatives à l'emploi du plâtre.

L'un, M. le chevalier de Maisons, à Argentan, a reconnu depuis long-temps les excellens effets du plâtre sur le trèfle. C'est à celui de Paris, dans la proportion de trois à quatre cents livres par hectare, qu'il se borne, ne connaissant pas celui qu'on appelle *primitif*.

Les mauvais résultats attribués au trèfle plâtré donné aux chevaux, ne sont pas dus au plâtre, mais au peu de soin apporté à la dessiccation de ce trèfle, qui s'altère plus facilement que le trèfle non plâtré, parce qu'il a des tiges plus fortes et des feuilles plus grandes.

Une vesce d'hiver plâtrée a donné une récolte extrêmement avantageuse, lorsqu'on n'en espérait rien avant l'opération.

C'est par l'absorption de l'humidité que M. le correspondant explique l'effet du plâtre.

L'autre correspondant, M. de Beaujeu, qui demeure près de Mortagne, fait également usage du plâtre cuit : plusieurs de ses voisins l'emploient cru ; mais, dans ce cas, il agit plus lentement et coûte plus à pulvériser. Il pense que le dernier convient aux luzernes, aux sainfoins, aux pimprenelles ; et le premier, aux plantes annuelles ou bisannuelles, comme vesces, pois, lentilles, trèfles, &c.

Ce correspondant le sème à toutes les époques de l'année ; mais il réussit mieux après la pluie. L'idée qu'il agit en attirant l'humidité de l'air lui répugne, quoiqu'il soit vrai qu'il ait plus d'activité semé sur les feuilles que sur la terre.

Il n'a aucune action sur les céréales ; mais leurs récoltes, sur un terrain qui vient de porter du trèfle plâtré, sont très-avantageuses.

Les terres sèches et légères sont celles où ses effets sont les plus marqués.

Deux à trois hectolitres sont la quantité convenable pour un hectare ; cependant, dans certaines circonstances, et sur-tout sur les secondes coupes, on peut en répandre plus ou moins.

Au contraire d'autres correspondans, il a trouvé que le plâtrage des jeunes trèfles influait utilement sur les coupes de l'année suivante.

46. M. Leroux du Châtelet, correspondant du Conseil dans le département du Pas-de-Calais, arrondissement d'Arras, n'emploie pas le plâtre dans ses cultures, quoiqu'il en connaisse tous les avantages, à cause de l'éloignement où il se trouve de Paris, le lieu le plus près de lui où il en connaisse des carrières.

M. de Coursen, autre correspondant de ce département, demeurant près de Boulogne-sur-Mer, a comparé l'effet du plâtre et de la chaux en poudre, semés le même jour, 10 avril, sur deux portions d'une prairie naturelle. L'effet le plus avantageux a été produit par la chaux.

Comme le plâtre est très-rare et très-cher dans son arrondissement, il ne l'a employé que sur les terrains humides, où il n'a eu aucun succès.

Il ne peut donc en parler avec connaissance de cause.

M. Ducocq, troisième correspondant du département du Pas-de-Calais, demeure près Saint-Omer. Il n'avait jamais, à raison de sa cherté, fait usage du plâtre dans ses cultures; mais, pour répondre aux vues du Conseil, il en a fait venir de Paris, et l'a fait cuire et réduire en poudre pour l'employer à des expériences.

Le sainfoin sur lequel il répandit du plâtre cuit, fut le meilleur; ensuite, celui sur lequel il répandit du plâtre cru; celui qui avait reçu des cendres de tourbe, venait après. La chaux et les tourteaux d'huile ne parurent pas avoir produit de bons effets.

Les parties plâtrées étaient les plus chargées de rosée.

C'est sur une terre sèche et argileuse qu'il a opéré.

Les mêmes circonstances se manifestèrent sur une prairie naturelle en terrain argileux et fertile. Les bestiaux préfèrent, pour pâturer, la partie plâtrée aux autres.

L'effet du plâtre a été nul sur les céréales.

47. M. de Lamothe, correspondant du Conseil pour l'arrondissement d'Oloron, département des Basses-Pyrénées, nous apprend que, quoiqu'il y ait trois carrières de plâtre dans ses environs, on ne l'y emploie pas dans l'agriculture; cependant, il en a fait plusieurs fois usage sur les luzernes, cuit et pulvérisé, et toujours il lui a procuré de meilleures récoltes.

Il n'a pas eu le même succès sur les céréales.

Cinq quintaux métriques par hectare sont la quantité qui lui a paru la plus avantageuse à employer.

Son opinion sur sa manière d'agir, n'est pas encore fixée.

Des gravois de plâtre répandus sur une prairie naturelle, en ont amélioré les produits; mais il n'a pu décider si c'était le plâtre, ou les autres composans de ces plâtras, qui avaient amené ce résultat.

M. Dandurein, correspondant du Conseil dans l'arrondissement de Mauléon, même département, a fait des essais relativement à l'emploi du plâtre en agriculture, et ils n'ont pas donné des résultats très-avantageux; ce qu'il attribue à la nature très-siliceuse de son terrain. Il va répéter ces essais.

Le plâtre cuit est le seul qu'il ait employé, parce que le cru est trop dur pour être pulvérisé à la main, et qu'il manque de moulin.

Il lui a paru que le printemps était l'époque la plus favorable à son emploi.

48. M. Lacroix, correspondant du Conseil d'agriculture dans le département des Pyrénées-Orientales, et qui demeure à Prades, annonce que le plâtre est si cher dans son arrondissement, qu'on n'en fait pas usage en agriculture; mais qu'il va faire, sur ses propriétés, des expériences dont il rendra compte.

49. M. Lebel, correspondant du Conseil dans le département du Bas-Rhin, fait un grand usage du plâtre. Je fais observer que, pour le réduire en poudre, il a inventé un moulin, qui a été gravé, par ordre de son Excellence, dans le tome XVI de la nouvelle série des *Annales d'agriculture*, mais qui paraît trop coûteux pour être à l'usage des cultivateurs.

Pour plâtrer un hectare, il faut 6 q.x de plâtre cru.

C'est sur les terres sablonneuses qu'il agit le plus

activement ; mais il faut que ces terres soient, ou très-riches en humus, ou très-fumées.

Cette observation est dans le cas d'être notée, parce qu'elle est positive.

Son action est presque nulle sur les terres marécageuses ou constamment humides.

Le trèfle plâtré ne doit revenir dans le même champ qu'au bout de cinq ans.

Si l'on répand le plâtre, plusieurs années de suite, sur la même terre, elle devient stérile.

La mi-avril est l'époque où il est le plus convenable de répandre le plâtre, à la rosée du soir ou du matin, et par un temps calme.

Le plâtre cuit est beaucoup plus soluble que le cru ; mais la cuisson augmente son prix ; aussi, dans toute l'Allemagne et en Amérique, préfère-t-on le dernier.

Ce correspondant ne pense pas que ce soit en attirant l'humidité de l'air que le plâtre agit sur les feuilles des plantes, mais en décomposant le carbone de l'air.

J'observe que le plâtre du Bas-Rhin est primitif.

50. M. Heilmann, correspondant du Conseil à Altkirch, département du Haut-Rhin, reconnaît que le plâtre cuit, répandu en poudre, pendant la rosée ou par un temps humide, sur les trèfles en état de végétation, produit des effets très-avantageux, relativement à l'augmentation de la récolte.

Il convient aux terres légères et sablonneuses bien amendées, ainsi qu'aux terres fortes qui ne sont pas trop fumées.

Il n'est d'aucun effet sur les terres humides et sur celles qui sont usées ou appauvries.

Le plâtre du Haut-Rhin est primitif, ainsi que je m'en suis assuré sur les lieux. Il est très-abondant et à bas prix. Ce n'est que la seconde qualité, celui qui contient de l'argile entre ses lits, dont on fait usage en agriculture, à raison de la nécessité de réserver pour la bâtisse celui qui est le plus pur.

M. Jacques Beysser, autre correspondant dans ce département, arrondissement de Colmar, observe qu'on n'emploie le plâtre que sur les trèfles; mais qu'il agit également sur les autres plantes de la famille des légumineuses.

On n'emploie que le plâtre primitif fibreux et laminaire, et toujours cru, mais réduit en poudre.

Le moment de l'employer est le printemps, lorsque la végétation se montre dans toute sa vigueur, et pendant la rosée ou un temps humide. Un grand vent ou une forte pluie nuit beaucoup à son effet, l'anéantit même entièrement.

Trois hectolitres par hectare sont la quantité qui s'emploie le plus généralement.

L'action du plâtre est nulle, souvent même nuisible, dans les terres calcaires amendées déjà par la chaux, et dans celles de toute nature qui sont épuisées.

Ce sont les engrais animaux et végétaux qu'il convient de répandre sur les terres qui doivent être semées en trèfle plâtré.

On ne l'emploie généralement qu'une fois l'année; mais il a réussi complétement à M. Beysser sur une seconde coupe. Il n'en a pas été de même sur une troisième.

Ce correspondant pense que le plâtre agit comme stimulant.

51. M. Febvre, correspondant du Conseil dans le département de Saone-et-Loire, a toujours employé cuit le plâtre dont il saupoudre ses prairies naturelles et artificielles.

Les prairies naturelles humides, mais dont l'eau surabondante a été écoulée, sont celles sur lesquelles il a produit les meilleurs effets, en provoquant la pousse des trèfles et autres bonnes plantes qui étouffent la mousse. Son effet dure trois ans sur de telles prairies, et augmente d'un quart au moins leur produit en pâturage. Il en emploie cinq quintaux métriques par hectare, à 1 franc 50 centimes au plus chacun.

Je fais observer que c'est du plâtre primitif qu'on trouve dans ce département, ainsi que je m'en suis assuré sur les lieux.

Il agit également sur les terres argileuses; mais lorsqu'on les remet en culture de céréales, il faut doubler les engrais, parce que le plâtre agit comme stimulant, et qu'il absorbe la totalité des principes nutritifs des terres où ces principes sont en petite quantité.

L'action du plâtre sur les vesces, les gesses, les pois, &c., est également admirable; mais elle est peu sensible sur les céréales.

Le plâtre cuit est devenu de nécessité absolue sur les prairies artificielles, et principalement sur celles de trèfle. Il agit même sur celles de ces prairies qui ont été gelées, et qu'il rend aussi productives que si elles ne l'avaient pas été.

Du 10 au 20 mars est l'époque la plus convenable pour répandre le plâtre; mais il faut choisir un temps humide.

Des pâturages arides sur lesquels on n'apercevait aucun pied de trèfle, s'en sont couverts après avoir été plâtrés.

Il fera des expériences sur l'emploi du plâtre cru.

52. M. Deslandes, correspondant du Conseil dans le département de la Sarthe, fait depuis long-temps usage du plâtre de Paris, cuit et en poudre, sur ses terres, qui sont sémi-argileuses, fortes et humides. Il en emploie 600 kilogrammes par hectare, et le répand en mars et avril sur ses trèfles et autres cultures de légumineuses. Il

lui a paru que son effet était d'autant plus énergique qu'il était plus prompt.

Je fais observer que cette circonstance n'a pas encore été indiquée.

Ce correspondant n'a pas essayé de plâtrer les céréales, mais il a remarqué que lorsqu'elles succédaient à un trèfle plâtré, elles étaient plus productives que lorsqu'elles succédaient à un trèfle non plâtré.

Il pense que le plâtre agit, et comme attirant l'humidité de l'air, et comme décomposant le gaz acide carbonique.

A l'appui de cette opinion, il cite le fait suivant. Un malentendu fit répandre à son semeur trois fois plus de plâtre qu'il n'en fallait sur une portion de trèfle; ce plâtre se durcit par l'effet d'un brouillard, et le trèfle fut jugé perdu; mais, au contraire, il devint plus beau qu'aucun autre.

Ce trèfle fut mangé en vert par ses bestiaux, et ne leur donna aucune maladie.

Pendant trois années, le froment qui succéda à ce trèfle fut plus beau que les autres.

Des raves, des pommes de terre, qui avaient succédé à des vesces d'hiver plâtrées, étaient sensiblement plus belles.

53. Le département de la Seine-inférieure, et particulièrement l'arrondissement d'Yvetot, connaît, au rapport de M. le comte Raoul de Germiny, l'usage du plâtre depuis nombre d'années.

C'est celui de Paris, cuit et réduit en poudre, dont on se sert exclusivement.

Il se sème en tout temps, si ce n'est pendant les gelées; mais c'est pendant les mois de mars et d'avril qu'il produit le plus d'effet sur les herbages et sur les prairies artificielles, sur-tout lorsque alors le ciel est brumeux.

On en répand quatre hectolitres par hectare.

Un terrain amélioré par des fumiers ou autres engrais donne de meilleures récoltes plâtrées qu'un terrain pauvre ou usé.

Les tiges et les feuilles du trèfle plâtré étant plus fortes et plus aqueuses que celles du trèfle non plâtré, demandent plus de précautions et plus de temps pour être convenablement desséchées ; c'est à l'oubli de ces précautions qu'on doit ces fourrages poudreux qu'on dit donner la pousse aux chevaux, et non au plâtre, qui ne se retrouve plus sur les trèfles au moment de leur coupe.

Les céréales plâtrées n'offrent aucune augmentation de produit, et sont plus abondantes en herbe.

M. le correspondant pense que le plâtre agit comme stimulant et comme attirant l'humidité de l'air.

Les blés semés après un trèfle plâtré sont meilleurs qu'après un trèfle non plâtré.

M. Decroutelle, autre correspondant du département de la Seine-inférieure, arrondissement de Neufchâtel, confirme ce qu'a dit M. le comte Raoul de Germiny sur l'étendue de l'usage du plâtre, et sur les grands avantages qui en résultent.

On l'emploie, et sur les prairies naturelles qui ne sont pas susceptibles d'irrigation, et sur les prairies artificielles, et sur les légumineuses annuelles, telles que pois, vesces et lentilles, au printemps, lorsque la végétation est entrée en action, dans la proportion d'environ huit doubles décalitres par hectare.

Il croit que le plâtre agit en attirant l'humidité de l'air.

Les herbagers nourrissent dans les enclos plâtrés un tiers plus de bestiaux que dans les autres; aussi tous plâtrent-ils.

La qualité des fourrages plâtrés est absolument la

même que celle des fourrages non plâtrés ; et si les premiers ont paru nuire aux chevaux, c'est qu'ils n'avaient pas été bien desséchés.

Le plâtrage des céréales n'a eu aucun succès ; mais les céréales qui succèdent à des trèfles plâtrés donnent constamment des récoltes plus avantageuses.

M. Houdeville, correspondant du Conseil pour l'arrondissement de Dieppe, même département, fait usage du plâtre depuis plus de trente ans, et s'en est toujours fort bien trouvé.

Celui qu'il emploie vient des environs de Paris. Le plus nouvellement cuit et battu est le meilleur. Il produit beaucoup plus d'effet sur les prairies naturelles et artificielles en terrain argileux et humide, principalement sur les trèfles.

Les blés semés sur un défrichis de trèfle plâtré sont plus beaux que ceux que l'on sème sur un défrichis de trèfle non plâtré.

On doit le répandre au printemps, lorsque les gelées ne sont plus à craindre.

Le plâtrage, après la première coupe, est plus profitable qu'avant.

Il n'a point d'effet sur les feuilles des céréales, parce qu'elles sont trop étroites.

C'est parce qu'on ne prend pas assez de précautions pour bien sécher les trèfles plâtrés, qu'ils donnent quelquefois la pousse aux chevaux qu'on en nourrit.

Il agit comme stimulant.

54. M. le baron de la Rochette, correspondant du Conseil d'agriculture pour le département de Seine-et-Marne, arrondissement de Melun, cultive dans des terres si mauvaises et si ravagées par le gibier, qu'il ne peut spéculer que sur la plantation des bois. Il a cependant employé avec succès le plâtre sur des prairies artificielles, à

la quantité de 600 à 2000 kilogrammes par hectare. On croit que plus on en met, et plus les récoltes sont abondantes.

Une expérience lui a prouvé qu'il était plutôt nuisible qu'utile d'en répandre sur les céréales.

M. le baron de Mortemare-Boisse, autre correspondant de ce département, arrondissement de Meaux, où les terres sont au nombre des plus fertiles de la France, fait observer que les dépenses de l'achat, du transport et de la conservation du plâtre de Paris, le seul qu'on connaisse dans son canton, éloigne de son emploi la plupart des cultivateurs, quoiqu'ils en connaissent fort bien les bons effets sur les prairies artificielles. Ils y suppléent par les plâtras des démolitions, qu'ils mêlent avec des engrais, et qu'ils répandent sur leurs prairies en hiver.

Les expériences auxquelles M. le correspondant s'est livré pour répondre aux desirs du Conseil, lui ont prouvé qu'il y avait de l'avantage à plâtrer les prairies naturelles et artificielles au printemps, avant la pluie, et qu'il agissait comme stimulant et comme attirant l'humidité de l'air.

Il se propose de répéter ses expériences plus en grand.

55. M. Andrieux, correspondant du Conseil dans le département de Seine-et-Oise, arrondissement de Corbeil, a fait usage du plâtre à différentes reprises, et en a toujours obtenu des avantages.

Voulant répondre à l'appel du Conseil, il a renouvelé ses expériences; mais les gelées du printemps, en frappant ses trèfles plâtrés, ne lui permettent pas d'en rendre compte. Ce n'est pas que sa récolte, malgré cet accident, n'ait été plus belle qu'aucune autre; mais il ne peut plus en calculer rigoureusement les résultats. Il se propose d'en faire d'autres, et il en rendra compte.

M. Henin de Longuetoise, correspondant du Conseil

pour l'arrondissement d'Étampes, même département, fait usage du plâtre de Paris sur ses prairies artificielles, dont il double les produits. Il n'a point d'action sur les prairies naturelles. C'est le cuit qu'il emploie de préférence, comme moins coûteux à pulvériser, et produisant plus d'effet. Les terres calcaires sont celles où il réussit le mieux. La saison la plus convenable pour le semer est le printemps, lorsque les feuilles commencent à couvrir la terre. Son action n'est pas facile à expliquer : on serait porté à croire que cette action est due à sa faculté de dissoudre l'humus ; car, mêlé avec le fumier, il en accélère la décomposition et en augmente la force.

Je fais observer que cette dernière remarque n'a été faite par aucun autre correspondant, et qu'elle mérite toute l'attention des cultivateurs.

56. M. de Raineville, correspondant du Conseil dans le département de la Somme, arrondissement d'Amiens, apprend au Conseil que le plâtre est à peine connu dans ses environs comme propre aux améliorations agricoles, parce que les cendres sulfureuses y sont très-communes, et qu'elles agissent à-peu-près de même sur les prairies naturelles et artificielles.

Il se propose de faire des expériences sur l'emploi du plâtre, et il en rendra compte au Conseil.

57. M. le comte Louis de Villeneuve, correspondant du Conseil dans l'arrondissement de Castres, département du Tarn, a introduit, il y a plus de vingt ans, l'usage de cultiver le trèfle et de le plâtrer; et aujourd'hui cet usage est presque général, quoique l'éloignement des carrières le rende fort coûteux.

Je fais observer, pour en avoir vu des échantillons sur les lieux, que c'est le plâtre dit *primitif* dont il fait emploi.

L'effet du plâtre se fait plus sentir sur les terres argileuses, froides, humides, et sur les terres calcaires. Les fonds riches n'en ont pas besoin.

Il résulte d'expériences nombreuses, que le plâtre cuit est supérieur au plâtre cru, mais que ce dernier agit pendant plus long-temps.

Douze à quinze quintaux par hectare sont les quantités qu'il convient de répandre.

Le mois de février, à la petite pointe du jour, c'est-à-dire, avant la disparition de la rosée, ou pendant une petite bruine; tels sont les temps où les semis du plâtre réussissent le mieux.

Le plâtre agit merveilleusement sur les prairies artificielles, et en augmente les produits dans l'ordre suivant : du quart, pour le trèfle du Roussillon; du tiers, pour la luzerne; d'une moitié, pour le sainfoin; du double, pour le trèfle. Il agit un peu sur les vesces d'hiver et sur le maïs, nullement sur les céréales ni sur les prairies naturelles à herbes fines, mais considérablement sur celles qui contiennent du trèfle.

Ce correspondant déclare ignorer comment agit le plâtre.

M. Limouzin la Mothe, autre correspondant du Conseil pour ce département, arrondissement d'Alby, reconnaît les grands avantages de l'emploi du plâtre, et cherche, par des expériences, à expliquer son mode d'action.

Il a répandu de l'acide sulfurique, très-étendu d'eau, en forme de pluie, sur une portion de sainfoin, et cette portion a pris un développement beaucoup plus considérable que l'autre.

De ce fait, il conclut que l'acide du plâtre agit ou sur les feuilles, ou sur les tiges, ou sur les racines; mais plus bas il explique son action par la propriété septique du plâtre, sans en donner la preuve.

Je fais observer au Conseil que la propriété qu'a le plâtre d'accélérer la putréfaction des substances animales, ne paraît pas s'étendre, quoique ce correspondant l'annonce, sur les substances végétales, et que, si cet effet avait lieu, ce serait dans la terre, où il y a de l'humus plus ou moins formé, et non sur les feuilles qu'il rend plus vivantes, qu'il faudrait le répandre.

58. L'emploi du plâtre est peu fréquent dans le département du Var, au dire de M. de Gasquet, correspondant du Conseil d'agriculture. On en connaît cependant les grands avantages autour de Lorgues, lieu de sa demeure. Il se propose d'en provoquer l'usage, bien qu'il doive croire que la sécheresse des étés est un obstacle au succès de cette pratique.

59. M. le comte de Saint-Denys, correspondant du Conseil dans le département de la Vendée, annonce qu'on ne connaît pas l'usage du plâtre dans l'agriculture de ce département, et que son haut prix ne permet pas d'espérer qu'il puisse être avantageux de l'employer.

60. M. Chatenet, correspondant du Conseil dans le département de la Vienne, nous apprend que les terres de son arrondissement, celui de Montmorillon, étant toutes humides, et le plâtre n'ayant point d'action utile sur ces sortes de terres, on n'en fait pas usage dans la plus grande partie de son étendue.

Mais, dans les environs, on retire de grands avantages du plâtre sur les prairies naturelles et artificielles, malgré son haut prix. Il a sur-tout amélioré les terres sèches et usées, dont les récoltes ont été triplées par son moyen.

Le plâtre se sème au printemps, au moment où la végétation se développe.

61. M. Bujeaud la Piconnerie, correspondant du Conseil dans le département de la Haute-Vienne, arrondissement de Saint-Yriex, annonce que l'usage du plâtre

pour améliorer les prairies est à peine connu dans son département, et ne pourra y devenir étendu, à raison de son haut prix. Il a employé du plâtre provenant des vieux moules à porcelaine; mais il n'a pas produit d'amélioration sensible dans les produits de la prairie naturelle sur laquelle il l'a fait répandre en mars.

Les bons effets du plâtre sont très-connus de ce correspondant, qui les a observés aux environs de Grenoble, ville où il a séjourné.

62. M. Berguam, correspondant du Conseil dans le département des Vosges, arrondissement de Remiremont, emploie le plâtre sur ses trèfles; mais comme il est obligé de le tirer de fort loin, il lui revient trop cher pour en faire un grand usage. Il n'a rien à en dire de particulier.

63. M. Esmangard de Bournonville, correspondant du Conseil pour le département de l'Yonne, arrondissement de Sens, a le premier introduit l'usage du plâtre sur les prairies artificielles, et en a obtenu des avantages très-considérables. Aujourd'hui il est fort étendu.

Le plâtre employé est celui de Paris, cuit et réduit en poudre. On le répand après l'hiver sur les prairies artificielles, sur les vesces, les gesses, les pois, et sur les plantes textiles. Son effet sur les prairies naturelles est presque nul.

La plus grande dépense de la pulvérisation du plâtre cru, et sa moindre action, éloignent de son emploi.

Il attribue l'effet du plâtre à sa propriété d'attirer l'humidité de l'air; car il a constamment remarqué que les trèfles plâtrés sont plus chargés de rosée que les autres.

EXTRAIT des Expériences faites aux environs de Lyon, par M. le docteur Soquet, *pour reconnaître le mode d'action du Plâtre sur le trèfle et la luzerne* (1).

AU printemps de 1816, M. Soquet fit diviser par des planches, en carrés égaux, deux bandes de terrains séparées par un étroit sentier, et fit mettre une série de numéros aux compartimens de chacune de ces bandes.

Les premiers jours de juillet, une de ces bandes fut semée en trèfle et l'autre en luzerne.

Elles offraient en automne une végétation vigoureuse et uniforme.

Le 24 mars 1817, le sol des n.os 1.er fut légèrement gratté et saupoudré de 7 décagrammes de plâtre primitif cuit, de bonne qualité et bien sec, ce qui était deux cinquièmes de plus qu'on n'en emploie dans le pays : le trèfle et la luzerne commençaient à peine à donner des signes de végétation.

Les plantes de ces carrés, ainsi plâtrés sur le sol nu, n'étaient ni plus ni moins belles que celles des carrés sur lesquels rien n'avait été mis.

Le même jour 20 avril, 1.° les n.os 2 furent plâtrés

(1) Le Mémoire où se trouve le détail de ces expériences est imprimé dans le compte rendu des travaux de la *Société royale d'agriculture, histoire naturelle et arts utiles de Lyon*, année 1820.

Il a été reproduit tome XII de la seconde série des *Annales d'agriculture*.

(Note de M. Bosc.)

sur le feuillage exclusivement avec la même quantité de plâtre cuit. Le temps était calme et menaçait de pluie. 2.° Les n.os 3 le furent avec du sulfure composé des deux tiers de craie et d'un tiers de fleur de soufre, le tout d'abord fondu et ensuite pulvérisé. 3.° Les n.os 4 le furent en partie, c'est-à-dire, sur une surface en forme de *S*, de 4 pouces de large, avec du plâtre cuit de la première et deuxième expérience. 4.° Les n.os 5 le furent avec du plâtre cru réduit en poudre fine, fortement desséché. 5.° Les n.os 6 le furent avec un mélange de calcaire avec moitié de plâtre cru, l'un et l'autre très-desséchés. 6.° Le sol du n.° 7 fut plâtré avec du plâtre de la première expérience, ayant soin qu'aucune portion ne s'attachât aux feuilles. 7.° Les n.os 8 ne reçurent rien, afin de servir de point de comparaison.

Le 17 mai, tous les compartimens furent examinés comparativement.

Les n.os 1, 5, 7 et 8 offraient exactement la même végétation, ce qui prouve que le plâtrage qui n'a pas lieu sur les feuilles est de nul effet.

Les n.os 2 et 3 et les *S* des n.os 4 présentaient une végétation extrêmement saillante (presque du double) au-dessus des autres.

C'est donc sur les feuilles que le plâtre doit être répandu.

Les n.° 5 ne se distinguaient pas des n.os 7 et 8.

Il faut donc employer le plâtre cuit (1).

Les n.os 6 se faisaient remarquer par un état de vé-

---

(1) Des expériences multipliées, comme on peut le voir dans plusieurs endroits du rapport ci-dessus, prouvent que le plâtre cru agit comme le cuit, mais que son effet est plus lent. M. Soquet aurait donc dû attendre jusqu'au printemps de l'année suivante, avant de prononcer.

(Note de M. Bosc.)

gétation évidemment intermédiaire entre ceux plâtrés sur feuilles et les autres.

Tous les carrés furent fauchés le même jour, et le 2 juin leur repousse présentait les mêmes différences que le 17 mai, c'est-à-dire, que les n.ºs 2, 3 et les *S* des n.ºs 4 avaient les plus vigoureuses et les plus hautes tiges.

Ce résultat fait voir que l'action fertilisante du plâtre se prolonge sur plusieurs récoltes successives.

Le même jour, 2 juin, les n.ºs 1 furent plâtrés sur feuillage, toujours avec 7 décagrammes de plâtre primitif cuit. La moitié des n.ºs 3 le fut également. Les n.ºs 4 le furent aussi, mais avec du plâtre cru fortement desséché.

Le même jour il gâcha du plâtre primitif avec de l'eau, puis le réduisit en poudre sans le dessécher. Le lendemain il plâtra les n.^{es} 4 et 7 avec cette poudre.

Il plâtra encore les n.ºs 5 avec du plâtre primitif cuit, qui avait été exposé à l'air en couche mince pendant vingt jours.

Le 24 du même mois, les n.ºs 1 dépassaient de plusieurs pouces les n.ºs 8 et tous les autres qui n'avaient pas encore été plâtrés convenablement. Les n.ºs 3 offraient une supériorité sensible sur leur moitié plâtrée une seconde fois. Les n.ºs 4 étaient dans le même état qu'à la précédente coupe. Les n.ºs 7 offraient le même résultat. Les n.ºs 5 s'étaient peu améliorés.

Le plâtre cuit doit donc être conservé très-sec lorsqu'on le destine à augmenter les récoltes des prairies artificielles.

Le 21 avril 1818, les compartimens de la bande semée en luzerne conservaient encore entre eux les mêmes rapports de puissance végétative que l'année précédente.

Ce même jour, les n.ºs 5 et 7, qui n'avaient rien gagné, furent arrosés, le premier avec du sulfure hydrogéné fait à chaud, et le deuxième, avec une solution froide de sulfure de soude ; puis le n.° 8 fut arrosé avec une forte dissolution d'hydrogène sulfuré simple.

Le 2 mars 1819, le n.° 2 et le n.° 8 de la bande de luzerne furent fumés chacun avec huit kilogrammes de crottin de cheval ; et le 24 avril, les n.ºs 2 et 4 furent plâtrés comme précédemment (1).

Le 17 mai suivant, le n.° 2 était deux fois plus beau, et le n.° 4 une fois plus beau que le numéro 8 qui n'avait jamais été fumé, quoique ce dernier fût supérieur aux n.ºs 5 et 7, qui n'avaient été ni fumés ni plâtrés en 1819, et dont les plâtrages des années précédentes étaient restés sans effet, à raison de leur mauvaise qualité.

On reconnaît, par ces expériences, que le plâtrage active d'autant plus la végétation que le sol est plus fumé, et l'on doit en conclure que des luzernes périodiquement plâtrées, sans engrais, finiraient par cesser de croître par suite de l'épuisement du sol.

Le 3 novembre 1817, l'auteur, après avoir rasé, le plus près possible du sol, les restes de la végétation des n.ºs 2 et 8 de la bande de trèfle, arracha avec soin toutes les racines de ces deux compartimens, sans les mêler. Les racines avec leur collet furent lavées séparément, à grande eau, sur un tamis, et sechées de même pendant trois heures, par simple exposition à l'air sur des toiles, pour être de suite pesées séparément.

Les racines du compartiment n.° 2, qui avaient été constamment fumées avec du bon plâtre, donnèrent

(1) J'observe que le crottin d'un cheval nourri d'avoine est deux fois plus fertile que celui d'un cheval nourri au pâturage.

(Note de M. Bosc.)

en poids près de 29 décagrammes. La totalité du poids des racines du n.° 8, qui n'avait jamai sété plâtré, s'éleva à peine à 22 décagrammes.

Cette énorme différence explique, par la plus grande quantité d'humus laissée dans la terre, pourquoi les récoltes des céréales qui succèdent au trèfle plâtré sont si avantageuses.

D'après ce qui précède, M. Soquet établit ainsi la théorie du plâtrage, théorie sans doute susceptible d'être critiquée dans quelques-unes de ses parties, mais qui n'en mérite pas moins, dans son ensemble, l'attention des amis de la science. C'est lui qui parle.

« La présence et le renouvellement de l'air atmosphérique est aussi indispensable à la vie des végétaux qu'à celle des animaux ; les uns et les autres meurent dans le vide ou dans une atmosphère qui n'est pas renouvelée.

» Les animaux ont essentiellement besoin de puiser dans l'atmosphère, au moyen de leurs organes respiratoires, l'oxigène qui se combine avec le carbone excédant sous forme d'acide carbonique. Les végétaux ont à leur tour besoin de puiser dans l'atmosphère, au moyen de leurs organes respiratoires, qui sont les feuilles, de l'acide carbonique. Celui-ci est bientôt décomposé dans le parenchyme des feuilles, qui rejettent au dehors l'oxigène combiné avec le carbone sous forme d'acide carbonique, et retiennent et s'approprient, comme aliment, une partie de la base carbonée de l'acide décomposé.

» La respiration a donc un but, a des résultats directement opposés dans ces deux classes d'êtres organiques vivans ; mais d'autre part, une atmosphère surchargée d'acide carbonique nuit à la végétation des plantes, de même qu'une atmosphère surchargée d'oxigène nuit à la vie des animaux. La nature a posé des limites en-deçà et au-delà desquelles les fonctions vitales des deux systèmes ne sauraient se maintenir dans un équilibre convenable d'énergie et d'activité. Décarboniser le sang dans les animaux, désoxigéner les sucs séveux dans les végétaux, tels sont, en deux mots, le résultat et le but de la respiration dans ces deux règnes.

» Dans les animaux bien constitués, l'acte respiratoire n'a besoin, pour se soutenir perpétuellement, d'aucun stimulant particulier, hors la présence de l'air atmosphérique dans les organes respiratoires. Dans les végétaux, au contraire, la respiration ne saurait avoir lieu sans l'action immédiate de la lumière solaire exclusivement, soit diffuse, comme lorsque les nuages tamisent les rayons solaires, soit rayonnante, comme lorsque les rayons solaires frappent la terre au travers d'une atmosphère sans nuages.

» Aussi la nuit, les plantes n'inspirent point d'acide carbonique, et n'expirent pas d'oxigène. Ce n'est qu'au grand jour qu'elles absorbent abondamment le premier, et qu'elles exhalent en même proportion le second.

» La lumière semblait donc devoir être considérée jusqu'ici comme l'unique agent chimique capable de produire la désoxigénation des sucs des plantes, ou, pour mieux dire, de provoquer l'exhalation de leur oxigène surabondant, en déterminant, par-là même, une plus grande absorption d'acide carbonique.

» Mais les sulfures alcalins, terreux et métalliques, convenablement préparés, sont employés tous les jours comme moyens désoxigénans très-actifs et très-puissans. Ils agissent comme corps désoxigénans sur presque tous les corps oxidés, soit que ceux-ci soient à l'état solide ou liquide, soit que l'oxigène lui-même soit à l'état de gaz; cela indépendamment de toute condition de température et d'humidité, et même sans aucun concours de la lumière. Un nombre infini de procédés d'analyse chimique, de procédés de teintures et d'arts industriels, sont exclusivement fondés sur la propriété éminemment désoxigénante des sulfures.

» C'est donc en secondant puissamment, en suppléant même en partie le pouvoir désoxigénant de la lumière sur le parenchyme vert des feuilles des plantes herbacées, que le plâtre calciné, employé comme engrais, devient si avantageux pour fertiliser les prairies artificielles. Aussi tous les phénomènes qui se rapportent au plâtrage de ces prairies s'expliquent-ils bien naturellement et sans exception (au moins jusqu'ici apparente), d'après cette simple théorie.

» En effet,

» 1.° Tout plâtre qui n'a été que desséché sans être passé, au moins en grande partie, à l'état de sulfure par la calcination, est nul dans ses effets comme plâtre pour engrais. Les expériences des n.os 7 et 5 l'ont prouvé (1).

» 2.° Tout sulfure calcaire artificiel bien préparé remplace parfaitement le plâtre calciné pour amendement dans les prairies artificielles. (*Voyez* les expériences citées plus haut.)

» 3.° Plus un gypse contiendra de sulfate calcaire, et plus ce dernier sera convenablement calciné en contact immédiat avec le charbon, meilleure en sera la qualité comme plâtre pour amendement.

» L'expérience a confirmé encore la théorie sur ce point; car les plâtres qui contiennent beaucoup de substances

---

(1) Il a été reconnu plus haut que ces expériences n'étaient pas exactes, et que si M. Soquet avait attendu un an pour en observer les résultats, il les aurait trouvés les mêmes que ceux des numéros où du plâtre cuit avait été employé.

(*Note de M. Bosc.*)

étrangères ou de carbonate calcaire, les vieux plâtres eux-mêmes soumis de nouveau à la calcination pour être ramenés à l'état de sulfure; les plâtres calcinés pour engrais qui se sont régénérés en sulfate, soit par un contact trop étendu et trop long-temps maintenu avec l'air atmosphérique, soit par imbibition d'humidité : tous ces plâtres, dis-je, sont de nul effet, ou à-peu-près, sur les prairies artificielles, attendu qu'ils ne contiennent déjà plus ou presque plus de sulfure calcaire pur, seul agent désoxigénant.

» 4.° Il faut plâtrer par un temps disposé à l'humidité, très-légèrement venteux, et à l'époque où les plantes offrent le plus de surface pour recevoir la poussière désoxigénante, et où les organes expiratoires de l'oxigène et ceux inspiratoires de l'acide carbonique, sont plus souples, plus vigoureux, plus multipliés et plus long-temps exposés à l'action solaire vivifiante. La théorie est ici encore parfaitement d'accord avec la pratique. Par un temps humide, le sulfure calcaire tend plus rapidement à se convertir en sulfite, en hydrosulfate, et enfin en sulfate; trois degrés d'oxigénation qu'il doit parcourir principalement aux dépens de l'oxigène exhalant du feuillage des plantes. L'humidité le rend encore plus adhérent à ce feuillage. Un petit vent léger disperse et répartit sur tous les étages des feuilles la poussière du plâtre. L'époque la plus avantageuse pour le plâtrage, est celle où tous les rangs de feuilles de chaque tige sont encore parfaitement souples et verts, où leur surface présente de nombreuses duplicatures qui retiennent mieux la poussière du plâtre, tout en multipliant les surfaces dont le duvet favorise encore l'adhérence des molécules gypseuses les plus fines, en les appliquant directement sur les organes ou points respiratoires.

» Après l'époque où les plantes auront acquis un

grand degré d'énergie et un état de développement complet, tant des organes respiratoires, que de ceux qui appartiennent aux fonctions d'absorption, de nutrition et d'assimilation; alors l'action solaire suffira seule pour maintenir et fortifier le ton, la vigueur et le développement de leur vie, actuellement imprimés fortement à tous les systèmes de l'organisation végétale. Le secours subsidiaire du sulfure calcaire, comme agent désoxigénant, devient inutile; peut-être deviendrait-il nuisible en surexcitant la sensibilité vitale.

» Mais l'expérience, à son tour, prouve qu'un second plâtrage sur une même coupe, nuit plutôt qu'il n'est avantageux, et que même tout nouveau plâtrage est à-peu-près inutile dans le cours d'une même année, lorsque celui du printemps a été bien fait sous tous les rapports. Tel est l'usage et telle est la conviction des agriculteurs les plus éclairés et les mieux exercés. Les expériences qui précèdent, au reste, établissaient les mêmes résultats et la même théorie.

» Nous avons dit que l'inspiration de l'acide carbonique était toujours dans un rapport constant et proportionnel à l'exhalation de l'oxigène. Cette assertion est déduite d'expériences directes, faites en vases clos, par des expérimentateurs exacts, aussi habiles physiciens que profonds physiologistes, les Inghenhous, les Sennebier, les de Saussure, les Knight, &c.

» De cette observation découle la conséquence que, plus l'on favorisera l'expiration de l'oxigène dans les plantes, plus on secondera et l'on activera l'absorption, dans ces mêmes plantes, de l'acide carbonique tiré de l'atmosphère. Or, les mêmes observateurs ont encore prouvé, par des expériences décisives, que l'acide carbonique fourni successivement en dose convenable, toujours sous l'influence de la lumière solaire, à une certaine classe de plantes herbacées, suffirait seul au plein et entier développement, à la nutrition et à l'assimilation parfaite de toutes les parties, et à toutes les sécrétions de ces plantes, jusqu'à l'époque de leur floraison, sans que, jusqu'alors, ces plantes eussent besoin de tirer aucun aliment, l'eau exceptée, du sol sur lequel elles étaient implantées. Ce sol artificiel, en effet, était formé tantôt de litharge bien lavée, tantôt de verre pilé, tantôt de quartz pilé, tantôt d'éponge bien lavée; donc le plâtre qui seconde merveilleusement, par sa qualité éminemment désoxigénante, l'action de la lumière solaire, sollicitera une plus abondante absorption d'acide carbonique dans les feuilles, organes inspiratoires nutritifs des plantes; les racines alors n'auront pas besoin de pomper du sol, en aussi grande quantité, des sucs alimentaires fournis par les engrais. L'excès même de nourriture accumulée dans les feuilles et les tiges par suite d'une abondante absorption d'acide carbonique, pourra être reporté de haut en bas par une circulation de retour vers les racines, et donner à ces dernières un accessoire important de substance nutritive, propre à les rendre plus vigoureuses, plus étendues, plus actives dans leurs fonctions. Ce surcroît de vie les rendra capables de pousser de robustes tiges, et de porter d'abondans et de nouveaux feuillages, pendant trois ou quatre récoltes consécutives, dans une même saison, sans avoir besoin d'un nouveau plâtrage dans la même année; même par suite de cet état de vigueur imprimé dans les racines devenues très-robuste par un surcroît de nourriture venu d'en haut à l'époqu du premier plâtrage, on sent d'avance que les organe inspiratoires et expiratoires des tiges et des feuilles q naîtront de ces vigoureuses racines, n'auront pas mêm besoin d'être activés pendant ces deuxième et troisièm végétations herbacées dans cette même année, puisq les racines pourront même encore recevoir un surcroît de sucs nourriciers d'en haut ; qu'ainsi le sol se trouvera réellement, jusqu'à un certain point, amendé au-lieu d'être épuisé.

» Les expériences rapportées plus haut ont prouvé directement que, par suite du plâtrage, les racines fournissaient un poids plus considérable de leur propre substance, sous une même étendue de terrain ; que cet effet se propageait sur les coupes suivantes, d'une manière assez avantageuse, pour qu'on dût s'exempter de nouveaux plâtrages dans une même saison, et que cet effet enfin s'étendait même aux années suivantes, quoiqu'on dût malgré cela plâtrer nouvellement à chaque printemps.

» Ces dernières considérations prouvent qu'aucune des deux hypothèses spécieuses émises jusqu'à ce jour, sur les bons effets du plâtrage comme engrais, n'est suffisamment fondée, quoiqu'elles aient été proposées par deux des plus habiles physiciens de notre temps. La première est celle de M. Pictet, de Genève, qui pense que le plâtre agit comme simple stimulant de l'excitabilité vitale des plantes ; la seconde est celle qu'a publiée dernièrement le célèbre Davy, qui présume que le plâtre entre comme élément très-actif de nutrition dans la sève des plantes.

» Dans l'une et l'autre des deux hypothèses, le sol étant plâtré une seule fois par an, le stimulant d'une part, et la partie alimentaire de l'autre, manqueraient aux deuxième, troisième et quatrième coupes.

» Dans l'une et l'autre hypothèse, le plâtrage sur le sol pouvant affecter les racines, devrait offrir quelque avantage, ce qui est contraire à l'expérience ; dans la dernière sur-tout, l'analyse devrait montrer autant de sulfate de chaux dans les deuxième, troisième et quatrième coupes qui n'ont pas été plâtrées, que dans la première qui l'a été, ce qui est contraire à la raison et à l'expérience.

» Enfin, dans l'une et l'autre, l'effet du plâtrage ne devrait pas pouvoir étendre et prolonger son action, d'une manière sensible, sur les coupes des années suivantes, ce qui est cependant démontré par l'expérience. D'ailleurs, tous les sols entièrement gypseux, tels qu'il en existe aux environs de Paris, dans les vallées des Alpes et ailleurs, veulent également être plâtrés avec du plâtre calciné et bien préparé, lorsqu'on y établit des prairies artificielles, sous peine de voir la récolte nulle ou très-médiocre (1).

» Les plantes plâtrées en temps opportun, c'est-à-dire, dans l'état de leur plus vigoureuse adolescence, courent rapidement vers l'époque de la floraison et de la fructification; alors elles demanderont plus au sol qu'à l'atmosphère: en effet, pendant l'époque de leur adolescence, les plantes ont besoin d'une nourriture plus abondante, les organes absorbans et assimilateurs doivent être maintenus dans un état de force et d'activité extraordinaire. Le plâtre seconde l'action de la lumière, pour remplir ces deux indications.

C'est ainsi que chez les animaux mêmes, dans le temps de leur plus grande croissance, dans l'âge qui accompagne et précède celui de la puberté et du plein développement de la virilité, tous les organes de la digestion, de l'assimilation, ceux de la respiration et de la circulation

(1) Le plâtre cuit ne produit pas plus d'effet sur les luzernes, dans ce cas, que le plâtre cru, ainsi que le prouvent des expériences faites à Pantin et déja citées. Il est des terrains sans plâtre où ce phénomène se montre également, probablement parce qu'ils sont trop arides pour nourrir des plantes qui demandent beaucoup de principes alimentaires. (*Note de M. Bosc.*)

exigent des alimens plus copieux, plus répétés, plus nourrissans; souvent même ces fonctions doivent être fortifiées par des toniques et des stimulans.

» Dans les végétaux herbacés, arrivés à cette époque d'une seconde vie, celle de la floraison et de la fructification, les organes respiratoires, jusqu'alors principaux agens de nutrition, sont devenus déjà moins souples, moins énergiques, moins excitables; les tiges et les feuilles tendent à l'état ligneux ou papyracé; ces derniers sur-tout, organes les plus importans, se préparent déjà, pour ainsi dire, à leur prochaine caducité, par l'oblitération commençante et progressive des vaisseaux séveux des pétioles qui les unissent aux tiges.

» Ces organes, passé l'époque de la floraison et de la fructification, ne devront plus exécuter les fonctions absorbantes et désoxigénantes sous l'influence solaire, ni avec la même activité, ni avec la même importance; car, à dater de cette époque d'une nouvelle vie, celle de la fructification, les organes assimilateurs sont destinés à fournir des sucs et des produits plus ou moins concrets, dans lesquels devront essentiellement prédominer l'hydrogène et l'oxigène, tels que les aromes, les parties sucrées, résineuses, huileuses, les fécules colorantes ou amylacées, les extraits de tout genre, &c., toutes substances dans lesquelles la somme en poids d'hydrogène et d'oxigène est plus grande que celle du carbone, d'après les analyses exactes faites par MM. Gay-Lussac et Thénard (*voyez* Mémoire d'Arcueil), puis confirmées par Berzelius, Théodore de Saussure. Il est donc alors nécessaire que les plantes tirent leur nourriture du sol, par la succion des racines, et non de l'atmosphère, par l'absorption des feuilles; car celles-ci tendent constamment à fournir un excès de carbone, soit en désoxigénant les sucs qu'elles ellaborent en expulsant l'oxigène, soit en retenant le carbone pur de l'acide carboniqne décomposé qu'elles inspirent sans cesse sous l'influence directe de la lumière.

» On peut dire, en un mot, que l'époque de la vie végétale, qui renferme toute la période de germination et de végétation purement herbacée, et qui précède immédiatement l'époque de la floraison et de la fructification, est une époque de vie toute distincte de celle qui accompagne et suit la fructification : on peut regarder la première simplement comme préparatoire et absolument extérieure; tout comme dans l'ordre plus élevé de l'existence animale, la première vie qui a lieu est la vie préparatoire, assimilatrice, du développement des systèmes digestifs, circulatoires, musculaires et respiratoires, jusqu'à ce que la deuxième vie extérieure, celle de reproduction, vienne se joindre à la vie extérieure de simple nutrition et d'assimilation. On peut dire ainsi, jusqu'à un certain point, que deux espèces de vie bien distinctes partagent la durée de l'existence de ces deux règnes organiques, dans l'un et l'autre, au moins pour certaines classes analogues ; sous ce dernier point de vue, l'activité de la vie de reproduction affaiblit, altère la vie extérieure de nutrition et d'assimilation. Presque toutes nos plantes céréales meurent à l'époque où se termine la maturité de fructification. La plupart des animaux à vie éphémère, le vers à soie même, meurent aussitôt que l'acte de reproduction est achevé. Trop de fleurs et de fruits épuisent en général nos arbres et nos plantes vivaces; trop de précocité ou trop d'abus dans la reproduction animale, énerve, atrophie le sujet, et hâte sa vieillesse.

» Sans pousser l'analogie entre ces deux classes d'êtres organisés vivans, au-delà des limites que prescrit une juste appréciation des deux modes d'organisation, je me bornerai à faire remarquer que la vie de végétation herbacée se développe, se complète, se maintient principalement par l'activité des organes extérieurs, tels que les feuilles et les écorces vertes, secondée très-accessoirement par le système radiculaire. Mais à l'époque de la floraison, une nouvelle vie apparaît dans les plantes : des organes restés jusqu'alors invisibles et totalement passifs, sont manifestés ; la vitalité de la plante semble se concentrer désormais vers ces organes nouveaux de la reproduction. Les pétales, les organes sexuels, le pollen, les aromes, les substances colorantes, sucrées, absorbent la plus grande partie de la substance alimentaire ; et, dans un état suroxigéné et surhydrogéné, comparativement au carbone qui entre dans leur constitution chimique, la plupart même de ces substances transsudent au dehors en pure perte, ou s'exhalent en effluves odorans toujours surhydrogénés et suroxigénés ; déperditions que la substance verte, purement herbacée, n'avait jamais éprouvées, ou que très-peu, jusqu'alors.

» Ce n'est donc, à proprement parler, qu'à l'époque de la seconde vie, celle de la floraison et de la fructification, que le sol doit être épuisé par les plantes annuelles herbacées, parce qu'à cette époque l'appareil herbacé se durcit, se contracte, s'oblitère en partie dans les vaisseaux inhalans et exhalans, et ne se soutient qu'autant qu'il est nécessaire pour concourir très-secondairement à la nutrition, et protéger ainsi le développement général et complet de tous les organes sexuels, de tous les produits de la fructification, jusqu'à parfaite maturité, en général toujours très-hydrogénés, et suroxigénés dans leur composition intime.

» C'est donc enfin réellement à cette époque de seconde vie que le sol sera épuisé par la succion des racines : celles-ci alors joueront le premier et le principal rôle d'organes nourriciers et réparateurs, soit en fournissant les sucs déjà accumulés dans leurs tissus, soit en les extrayant du sol même par leurs pores absorbans.

» On a dit, et l'expérience a confirmé, que souvent les prairies artificielles bien plâtrées qu'on ne laisse pas trop *vieillir*, de même que les récoltes herbacées enfouies et enterrées dans le sol sur lequel elles venaient de végéter, ameublissaient les terrains stériles en produisant sur place beaucoup de matière nutritive, propre à suppléer abondamment à tout fumage étranger et artificiel.

» Ce théorème d'agriculture paraît recevoir une solution matériellement démonstrative, des données nouvelles et importantes que fournit la théorie du plâtrage que nous avons tâché d'établir plus haut.

» En effet, qu'un baquet d'un pied carré de surface, contenant un lait de chaux caustique très-épais, soit exposé au libre contact de l'atmosphère dans un lieu quelconque, par exemple sur un toit, sur le mur d'un jardin ou dans un champ, il se couvrira à chaque instant d'une pellicule solide, formée par l'acide carbonique fourni par la portion d'atmosphère qui est en contact immédiat avec la surface de ce lait de chaux. Cet acide se combine à l'état solide avec les molécules de chaux, d'où résulte une croûte plus ou moins épaisse de carbonate calcaire. Rompez à chaque six ou huit minutes cette pellicule carbonatée, il s'en formera incessamment une nouvelle avec la même rapidité, sans que la portion d'atmosphère en contact avec la surface du lait de chaux soit le moins du monde épuisée d'acide carbonique; et cela, par suite de la belle loi, découverte par d'Alton, touchant la diffusion uniforme, constante et régulière des fluides gazeux et permanens, lorsqu'ils sont mélangés entre eux; diffusion qui a lieu indépendamment de toute différence dans les pesanteurs spécifiques. Au bout d'une heure, le pied carré de la surface du lait de chaux aura absorbé plus de deux gros d'acide carbonique ; ce qui sera facile à constater, en retirant à chaque six ou huit minutes la pellicule de carbonate de chaux qui se renouvelle perpétuellement, et chassant par un acide plus fort l'acide carbonique qui y est en combinaison. Or le feuillage vert des trèfles et luzernes exerce exactement la même action sur l'atmosphère que le lait de chaux, c'est-à-dire, celle d'absorber l'acide carbonique. Mais un pied carré de trèfle et de luzerne en pleine végétation peut être estimé, en surface verte, attendu le nombre multiplié de feuilles qui sont groupées par étage sur la longueur de chaque tige, et attendu les duplicatures multipliées des feuilles elles-mêmes, peut être estimé, dis-je, à huit pieds carrés de superficie absorbante.

» Si les tiges absorbent seulement pendant douze heures par jour, sous l'influence de la lumière solaire, tantôt rayonnante, tantôt diffuse, de l'acide carbonique en quantité égale au quart de ce qu'en absorberait leur surface si elle était représentée par du lait de chaux, on voit qu'un pied carré de trèfle et luzerne aurait absorbé de l'atmosphère, en douze heures, 46 gros ou 6 onces d'acide carbonique. Supposons que les trèfles ou luzernes, après le plâtrage, dont l'effet est de seconder et de fortifier la vitalité des organes inspiratoires et expiratoires des feuilles, végètent vingt jours seulement jusqu'à l'époque de la floraison, et par conséquent jusqu'à l'époque de la récolte herbacée, ils auront absorbé, par pied carré, en vingt jours, vingt fois 6 onces ou 120 onces d'acide carbonique, lesquelles 120 onces ne contiennent à-peu-près que 48 onces de carbone pur, ou environ 1 kilogramme 1/3 en poids. Le pied carré en trèfle ou luzerne se sera donc approprié, par la seule absorption des feuilles, 1 kilogramme 1/3 de subs-

Socinerei de Caen

CE VES.

Nous Département ... lfuro - muria- un servic tiques de er , à la pré- Ces cc paration ; , ont accru la germi it pu raison- nableme

On er s places où le blé avait s en peu de temps u supérieur à

D'ap , la quantité moyen ectolitres par arpent

A ... *mines ;*

A ... *iant ;*

A ... CRIEULT - DE- GRAN